Ignacio Arrioja Cárdenas
José Manuel Rasgado Bezares
Juan Carlos Niños Torres

Ingeniería de Materiales Metálicos

Ignacio Arrioja Cárdenas
José Manuel Rasgado Bezares
Juan Carlos Niños Torres

Ingeniería de Materiales Metálicos

Fundamentos

Editorial Académica Española

Imprint
Any brand names and product names mentioned in this book are subject to trademark, brand or patent protection and are trademarks or registered trademarks of their respective holders. The use of brand names, product names, common names, trade names, product descriptions etc. even without a particular marking in this work is in no way to be construed to mean that such names may be regarded as unrestricted in respect of trademark and brand protection legislation and could thus be used by anyone.

Cover image: www.ingimage.com

Publisher:
Editorial Académica Española
is a trademark of
Dodo Books Indian Ocean Ltd. and OmniScriptum S.R.L publishing group

120 High Road, East Finchley, London, N2 9ED, United Kingdom
Str. Armeneasca 28/1, office 1, Chisinau MD-2012, Republic of Moldova, Europe
Managing Directors: Ieva Konstantinova, Victoria Ursu
info@omniscriptum.com

Printed at: see last page
ISBN: 978-613-9-02473-5

Ingeniería de Materiales Metálicos

Autores:

Dr. Ignacio Arrioja Cárdenas
M.C. José Manuel Rasgado Bezares
Dr. Juan Carlos Niños Torres
Dr. Hernán Valencia Sánchez
Dr. Fernando Alfonso May Arrioja
M.C. Jorge Antonio Mijangos López
M.C. Vitta Marlene Castillo Sánchez
Dra. Verónica de Jesús Suárez Hernández

Diciembre de 2024

DE LOS AUTORES

Dr. Ignacio Arrioja Cárdenas, es profesor de tiempo completo y jefe de proyectos de docencia en el departamento de Metalmecánica del Instituto Tecnológico de Tuxtla Gutiérrez/Tecnológico Nacional de México. Doctor en Ingeniería aplicada por el Colegio de Formación Educativa Tenam, Maestro en Ciencias en Ingeniería Mecánica por el Instituto Tecnológico de Veracruz, Maestro en Ciencias Físicas (Física Teórica) por Centro Mesoamericano de Física Teórica-Universidad Autónoma de Chiapas e Ingeniero Mecánico por el Instituto Tecnológico de Tuxtla Gutiérrez; ha publicado diversos artículos en el área del diseño mecánico, mecánica de los fluidos y uno de teoría cuántica de campos; ha publicado cuatro libros en el área de ingeniería mecánica; ostenta el Perfil PRODEP (perfil deseable). Email: ignacio.ac@tuxtla.tecnm.mx; iarrioja@ittg.edu.mx

M.C. José Manuel Rasgado Bezares, es Ingeniero Mecánico por el Instituto Tecnológico de Tuxtla Gutiérrez; ha trabajado en proyectos de construcción y ampliación de Centrales Hidroeléctricas como supervisor de obra electromecánica de la Comisión Federal de Electricidad. Actualmente es jefe del Departamento de Metalmecánica y docente en activo del claustro en la H. Academia de Ingeniería Mecánica del Instituto Tecnológico Tuxtla Gutiérrez/Tecnológico Nacional de México. Ha publicado dos libros.

Dr. Juan Carlos Niños Torres, es Profesor en el departamento de Metalmecánica del Instituto Tecnológico de Tuxtla Gutiérrez/Tecnológico Nacional de México. Su Maestría en ciencias en ingeniería mecánica del Instituto Tecnológico de Celaya, México y su Doctorado en Ingeniería Aplicada es del Colegio Tenam. Es autor de 5 artículos de investigación tecnológica. Ha publicado dos libros.

Dr. Hernán Valencia Sánchez, es Profesor en el departamento de Metalmecánica del Instituto Tecnológico de Tuxtla Gutiérrez/Tecnológico Nacional de México. Su Maestría en ciencias en ingeniería mecatrónica del Instituto Tecnológico de Tuxtla Gutiérrez, México y su Doctorado en Ingeniería Aplicada es del Colegio Tenam. Es autor de 4 artículos de investigación tecnológica. Ha publicado dos libros.

Dr. Fernando Alfonso May Arrioja, es Profesor de tiempo completo en el departamento de Metalmecánica del Instituto Tecnológico de Tuxtla Gutiérrez/Tecnológico Nacional de México. Su Maestría en Energías Renovables es de la Universidad Politécnica de Chiapas y su Doctorado en Ingeniería Aplicada es del Colegio Tenam. Es autor de 5 artículos de investigación tecnológica y 1 de investigación educativa. Ha publicado 3 libros.

M.C. Jorge Antonio Mijangos López, es profesor de tiempo completo en el Departamento de Ingeniería Industrial del Instituto Tecnológico de Tuxtla Gutiérrez/Tecnológico Nacional de México. Realizó estudios de Maestría en el Instituto Tecnológico de Orizaba. Es autor de un artículo de investigación tecnológica.

M.C. Vitta Marlene Castillo Sánchez, es Maestra en Ciencias de la Educación por el Colegio de Formación Educativa Tenam, es Ingeniera Industrial en Eléctrica por el Instituto Tecnológico de Tuxtla Gutiérrez, actualmente es profesora de medio tiempo en el departamento de Ciencias Básicas del Instituto Tecnológico de Tuxtla Gutiérrez. Ha publicado 2 libros.

Dra. Verónica de Jesús Suárez Hernández, profesora adscrita en el departamento de Ciencias Básicas del Instituto Tecnológico de Tuxtla Gutiérrez/ Tecnológico Nacional de México. Con maestría en comercio electrónico y Doctorado en Educación de la universidad San Marccs de la ciudad de Tuxtla Gutiérrez. Ha publicado un libro.

CRÉDITOS

Tecnológico Nacional de México
Instituto Tecnológico de Tuxtla Gutiérrez
Departamento de Metalmecánica
Academia de Ingeniería Mecánica
Departamento de Ciencias Básicas

Diciembre de 2024

INTRODUCCIÓN

El mayor objetivo de la Ciencia de los Materiales es alentar a los científicos e ingenieros para tomar elecciones informadas respecto del diseño, selección y uso de materiales para aplicaciones específicas.

El científico o el ingeniero de materiales debe:

- Comprender las propiedades asociadas con las diversas clases de materiales.
- Saber por qué existen tales propiedades y cómo se pueden alterar para que un material sea más adecuado para una aplicación determinada.
- Ser capaz de medir las propiedades importantes de los materiales y cómo impactarán el desempeño.
- Evaluar las consideraciones económicas que finalmente regulan la mayoría de los asuntos de los materiales.
- Considerar los efectos a largo plazo que producen en el ambiente el uso de un material.

Los científicos e ingenieros en materiales han desarrollado un conjunto de instrumentos para caracterizar la *estructura* de los materiales según varias escalas de longitud, a la cual es posible examinar y describir en cinco niveles distintos:

1. estructura atómica
2. arreglos atómicos de corto y largo alcance
3. nanoestructura
4. microestructura
5. macroestructura

Las características de la estructura en cada uno de estos niveles pueden tener influencias distintivas y profundas sobre las propiedades y el comportamiento de un material.

El objetivo inicial es repasar el estudio la *estructura atómica* (el núcleo que consiste en protones y neutrones y los electrones que rodean el núcleo). Se estudiará que la estructura de los átomos afecta los tipos de enlaces que mantienen unidos los materiales entre sí. A su vez, estos distintos tipos de enlaces afectan la idoneidad de los materiales para las aplicaciones de ingeniería en el mundo real. Por lo general, el *diámetro de los átomos se mide utilizando la unidad angstrom (Å o 10^{-10} m).*

También es importante comprender las causas por las cuales la estructura atómica y el enlace conducen a distintos arreglos atómicos o iónicos de los materiales. El análisis minucioso del arreglo atómico permite distinguir entre *materiales amorfos* (aquellos que carecen de un ordenamiento de largo alcance de átomos o iones) o *cristalinos* (aquellos que exhiben arreglos periódicos de átomos o iones). Los materiales amorfos sólo tienen arreglos atómicos de corto alcance, mientras que los cristalinos tienen arreglos de corto y *largo alcance*. En los arreglos atómicos de *corto alcance*, los átomos o iones sólo muestran un orden particular en *distancias relativamente cortas (de 1 a 10 Å)*. En el caso de los materiales cristalinos, el *orden atómico de largo alcance* asume la forma de átomos o iones arreglados en un patrón tridimensional que se repite sobre distancias mucho *mayores (de ~ 10 nm a 1 cm).*

La ciencia e ingeniería de materiales está a la vanguardia de la *nanociencia* y la *nanotecnología*. La nanociencia es el estudio de los materiales a una escala de longitud nanométrica, mientras que la nanotecnología implica la manipulación y el desarrollo de dispositivos a esa misma escala de longitud. La *nanoestructura* es la estructura de un material a una *escala de longitud de 1 a 100 nm*. El interés por el tema del control de la nanoestructura se ha incrementado de manera importante debido a las aplicaciones de ingeniería con materiales avanzados.

La *microestructura* es la estructura de los materiales a una *escala de longitud de 100 a 100,000 nm o 0.1 a 100 micrómetros* (con frecuencia escritos como μm y pronunciados como "micrones"). Por lo general, la microestructura se refiere a características como el tamaño del grano de un material cristalino y otras relacionadas con los defectos en los materiales (Un grano es un monocristal de un material compuesto por muchos cristales).

La *macroestructura* es la estructura de un material a nivel macroscópico donde la *escala de longitud es* $> 100\ \mu m$. Las características que determinan la macroestructura incluyen la porosidad, los recubrimientos de la superficie y las microfisuras internas y externas.

En el mundo de hoy, la tecnología de información (TI), la biotecnología, la tecnología energética, la tecnología ambiental y otras áreas requieren dispositivos más pequeños, ligeros, rápidos, portátiles, eficientes, confiables, duraderos y económicos. Se desean baterías que sean más pequeñas, ligeras y de mayor duración. Se requieren automóviles relativamente accesibles, ligeros, seguros, con alto rendimiento de combustible y "llenos" de varias características avanzadas, que van desde sistemas de posicionamiento global (GPS) hasta sofisticados sensores para la activación de bolsas de aire.

Algunas de estas necesidades han generado un interés considerable en la nanotecnología y en los *sistemas microelectromecánicos* (SMEM). Como ejemplo real de la tecnología de los SMEM, considere un sensor de un acelerómetro pequeño que se obtiene por medio del micromaquinado del silicio (Si). Este sensor se usa para medir la aceleración de los automóviles. La información es procesada por una computadora central y después se utiliza para controlar la activación de las bolsas de aire. Las propiedades y el comportamiento de los materiales a estos niveles "micro" pueden variar en gran medida cuando se comparan con aquellos en su estado "macro" o voluminoso. Como resultado, comprender la nanoestructura y la microestructura son áreas que han recibido una atención considerable.

CONTENIDO

Capítulo I
Cristalografía

1.1 Estructura del átomo

Un átomo está compuesto por un núcleo rodeado por electrones. El núcleo contiene neutrones y protones con carga positiva y tiene una carga neta positiva. Los electrones con carga negativa se mantienen alrededor del núcleo por medio de la atracción electrostática. La carga eléctrica q que tiene cada electrón y protón es de 1.6×10^{-19} coulombs (C).

El *número atómico* de un elemento es igual al número de protones que hay en cada átomo. Por lo tanto, un átomo de hierro, que contiene 26 protones, tiene un número atómico de 26. El átomo como un todo es eléctricamente neutro debido a que el número de protones y electrones son iguales.

La mayor parte de la masa del átomo está contenida dentro del núcleo. La masa de cada protón y neutrón es de 1.67×10^{-24} g, pero la masa de cada electrón es de sólo 9.11×10^{-28} g. La *unidad de masa atómica*, o *uma*, es una unidad alterna de la masa atómica, la cual es 1/12 de la masa del carbono 12 (es decir, el átomo de carbono con 12 *nucleones*, seis protones y seis neutrones). La *masa atómica M*, que es igual a la masa total del número promedio de protones y neutrones del átomo en unidades de masa atómica, también es la masa en gramos de la *constante de Avogadro N_A de átomos*. La cantidad $N_A = 6.022 \times 10^{23}$ *átomos/mol* es el número de átomos o moléculas en un mol. Por lo tanto, la masa atómica tiene unidades de g/mol. Como ejemplo, un mol de hierro tiene 6.022×10^{23} átomos y una masa de 55.847 g. Los cálculos que incluyen la masa atómica de un material y la constante de Avogadro son útiles para comprender más acerca de la estructura de un material. A manera de ejemplo se ilustra cómo calcular el número de átomos de la plata, un metal y un buen conductor eléctrico. El número de átomos en 100 g de plata puede calcularse a partir de la masa atómica y la constante de Avogadro. De la tabla periódica, la masa atómica, o peso, de la plata es de 107.868 g/mol. El número de átomos es:

$$N\acute{u}mero\ de\ \acute{a}tomos = \frac{(masa\ del\ elemento\ en\ gramos)(N_A)}{(masa\ at\acute{o}mica\ del\ elemento\ en\ g/mol)}$$

$$\text{Número de átomos de Ag} = \frac{(100 \text{ g})(6.022 \times 10^{23} \text{ átomos/mol})}{107.868 \text{ g/mol}}$$

$$= 5.58 \times 10^{23}$$

1.2 Estructura electrónica del átomo

Los electrones ocupan niveles discretos de energía dentro del átomo. Cada electrón posee una energía específica, con no más de dos electrones en cada átomo que tienen la misma energía. Dado que cada elemento posee un conjunto distinto de estos niveles de energía, las diferencias entre ellos también son únicas. En cada elemento, los niveles de energía y las diferencias entre ellos se conocen con gran precisión, lo que forma la base de varios tipos de *espectroscopia*.

Números cuánticos

El nivel de energía al que pertenece cada electrón es determinado por cuatro números cuánticos: el *número cuántico principal n*, el *número cuántico acimutal o secundario l*, el *número cuántico magnético m_l* y el *número cuántico del espín m_s*.

El número cuántico principal refleja el agrupamiento de los electrones en conjuntos de niveles de energía conocidos como capas. Los números cuánticos acimutales describen los niveles de energía dentro de cada capa cuántica y reflejan un agrupamiento posterior de los niveles de energía similares, por lo general llamados orbitales. El número cuántico magnético especifica los orbitales asociados con un número cuántico acimutal particular dentro de cada capa. Por último, al número cuántico del espín (m_s) se le asignan valores de +1/2 y -1/2, lo cual refleja los dos valores posibles del "espín" de un electrón.

Con base en el *principio de exclusión de Pauli*, dentro de cada átomo, dos electrones no pueden tener los mismos cuatro números cuánticos y, por lo tanto, cada uno de ellos se designa por un conjunto único de cuatro números cuánticos. La forma de asignar los números cuánticos es:

1. Al número *cuántico principal n* se le asignan valores enteros 1, 2, 3, 4, 5, . . . que se refieren a la capa cuántica a la que pertenece el electrón. Una capa cuántica es un conjunto de niveles de energía fijos a los que pertenecen los electrones. A las capas cuánticas también se les asigna una letra: a la capa de n = 1 se le designa K, a la de n = 2 es L, a la de n = 3 es M y así sucesivamente.

2. El número de niveles de energía de cada capa cuántica es determinado por el **número cuántico acimutal l**. Los números cuánticos acimutales se designan como $l = 0, 1, 2, \ldots, n - 1$. Por ejemplo, cuando $n = 3$ hay tres números cuánticos acimutales, $l = 0$, $l = 1$ y $l = 2$. Los números cuánticos acimutales se designan por medio de letras minúsculas; por ejemplo, se habla de los orbitales **d**:

$$\begin{aligned}
&\text{s} \quad \text{para} \quad l = 0 \\
&\text{p} \quad \text{para} \quad l = 1 \\
&\text{d} \quad \text{para} \quad l = 2 \\
&\text{f} \quad \text{para} \quad l = 3
\end{aligned}$$

3. El número de valores del **número cuántico magnético m_l** representa el número de niveles de energía, u orbitales, de cada número cuántico acimutal. El número total de números cuánticos magnéticos de cada l es $2l + 1$. Los valores de m_l están dados por los números enteros entre $-l$ y $+l$. Por ejemplo, si $l = 2$, hay $2(2) + 1 = 5$ números cuánticos magnéticos con valores $-2, -1, 0, +1$ y $+2$.

4. El **número cuántico del espín (m_s)** indica que no más de dos electrones con espines electrónicos opuestos ($m_s = -1/2$ y $+1/2$) pueden encontrarse en cada orbital.

La notación abreviada que se utiliza con frecuencia para indicar la estructura electrónica de un átomo. La notación abreviada del neón, que tiene un número atómico de 10 es:

$$1s^2 2s^2 2p^6$$

Los niveles de energía de las capas cuánticas no se llenan en un orden numérico estricto. El **principio de Aufbau** es un mecanismo gráfico que predice las desviaciones del ordenamiento esperado de los niveles de energía. En la figura siguiente se muestra el principio de Aufbau. Siguiendo las flechas, se predice el orden en el que se llenan los niveles de energía de cada nivel cuántico.

$$
\begin{array}{llllllll}
1s \\
2s & 2p \\
3s & 3p & 3d \\
4s & 4p & 4d & 4f \\
5s & 5p & 5d & 5f & 5g \\
6s & 6p & 6d & 6f & 6g & 6h \\
7s & 7p & 7d & 7f & 7g & 7h & 7i
\end{array}
$$

Por ejemplo, con base en el principio de Aufbau, la estructura electrónica del hierro, número atómico 26, es:

$$1s^22s^22p^63s^23p^64s^23d^6$$

Por convención, los números cuánticos principales se ordenan de menor a mayor cuando se escribe la estructura electrónica. Por lo tanto, la estructura electrónica del hierro se escribe

$$1s^22s^22p^63s^23p^63d^64s^2$$

Valencia. La valencia de un átomo es el número de electrones que contiene un átomo que participan en el enlazamiento o en las reacciones químicas. Por lo general, la valencia es el número de electrones en los niveles de energía externos s y p. La valencia de un átomo está relacionada con la capacidad del átomo para entrar en combinación química con otros elementos. Ejemplos de valencia son

$$\text{Mg: } 1s^22s^22p^6 \quad \boxed{3s^2} \qquad \text{valencia} = 2$$
$$\text{Al: } 1s^22s^22p^6 \quad \boxed{3s^23p^1} \qquad \text{valencia} = 3$$
$$\text{Si: } 1s^22s^22p^6 \quad \boxed{3s^23p^2} \qquad \text{valencia} = 4$$

La ***electronegatividad*** describe la tendencia de un átomo a ganar un electrón. Los átomos con niveles de energía externos casi llenos por completo, como el cloro, son altamente electronegativos y aceptan electrones con facilidad. Sin embargo, los átomos con niveles externos casi vacíos, como el sodio, ceden electrones con facilidad y tienen escasa electronegatividad. Los elementos con número atómico alto también tienen electronegatividad baja, debido a que los electrones externos están a una distancia mayor del núcleo positivo, por lo que no son tan atraídos fuertemente por el átomo. En la figura siguiente se muestran las electronegatividades de algunos elementos. Los elementos con una electronegatividad baja (es decir < 2) en ocasiones se describen como *electropositivos*.

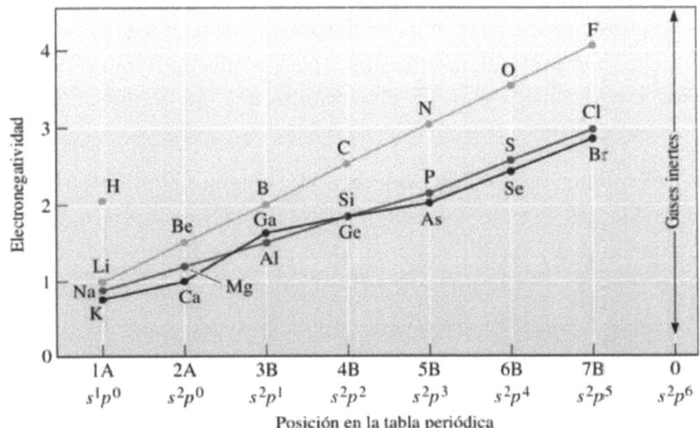

Electronegatividades de algunos elementos en relación con la posición de los elementos en la tabla periódica.

1.3 Tabla periódica

La tabla periódica contiene información valiosa acerca de elementos específicos y también puede ayudar a identificar las tendencias en tamaño atómico, punto de fusión, reactividad química y otras propiedades. La familiar tabla periódica de la figura de abajo se construye con base en la estructura electrónica de los elementos. No todos los elementos incluidos en ella son de ocurrencia natural. Por su parte, los *periodos (filas) corresponden* a las capas cuánticas, o *números cuánticos principales*. Los *grupos (columnas)* por lo regular se refieren al número de electrones en los niveles de energía s y p más externos y *corresponden a la valencia* más común. En ingeniería, se trata principalmente con:

a) *Polímeros (plásticos)* (basados principalmente en carbono, el cual aparece en el grupo 4B),
b) *Cerámicas* (por lo general basadas en combinaciones de varios elementos que aparecen en los grupos 1 al 5B y en elementos como oxígeno, carbono y nitrógeno),
c) *Materiales metálicos* (por lo regular basados en elementos de los grupos 1, 2 y en los elementos metálicos de transición).

En el grupo 4B aparecen muchos semiconductores importantes para la tecnología (por ejemplo, el silicio, el diamante y el germanio). Los semiconductores también pueden ser combinaciones de elementos de los grupos 2B y 6B [por ejemplo, el seleniuro de cadmio (CdSe), basados en cadmio del grupo 2 y en selenio del grupo 6]. Se les conoce como semiconductores II-VI (dos-seis). De manera similar, el arseniuro de galio (GaAs) es un semiconductor III-V (tres-cinco) basado en galio del grupo 3B y arsénico del grupo 5B. Muchos elementos de transición (por ejemplo, el titanio, vanadio, hierro, níquel, cobalto, etc.) son particularmente útiles para conformar materiales magnéticos y ópticos debido a sus configuraciones electrónicas que les permiten tener múltiples valencias.

El orden de los elementos en la tabla periódica y el origen del principio de Aufbau se hacen aún más evidentes cuando se insertan en sus posiciones correctas los periodos de las series de lantánidos y actínidos en vez de colocarse debajo de la tabla periódica para conservar el espacio. La figura indica el orbital particular que llena cada electrón adicional a medida que aumenta el número atómico. Observe que están indicadas las excepciones de aquellos elementos que no siguen el principio de Aufbau.

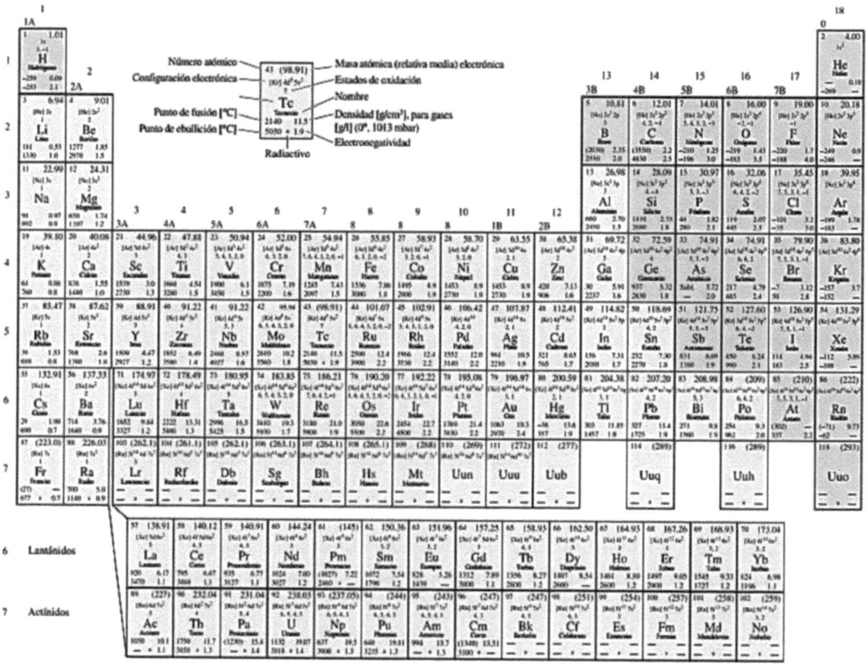

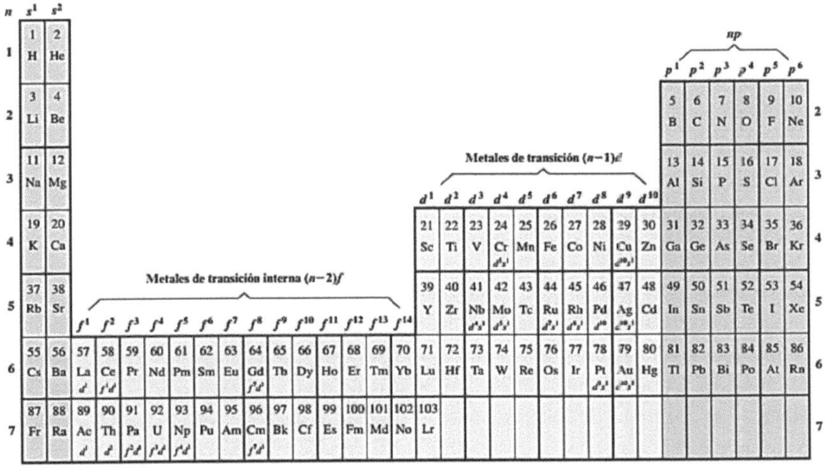

Estructura de la tabla periódica según la configuración electrónica de los subniveles, con indicación de los **Metales de transición** $(n-1)d$ y los **Metales de transición interna** $(n-2)f$.

n	s^1	s^2	f^1	f^2	f^3	f^4	f^5	f^6	f^7	f^8	f^9	f^{10}	f^{11}	f^{12}	f^{13}	f^{14}
1	1 H	2 He														
2	3 Li	4 Be														
3	11 Na	12 Mg														
4	19 K	20 Ca														
5	37 Rb	38 Sr														
6	55 Cs	56 Ba	57 La	58 Ce	59 Pr	60 Nd	61 Pm	62 Sm	63 Eu	64 Gd	65 Tb	66 Dy	67 Ho	68 Er	69 Tm	70 Yb
7	87 Fr	88 Ra	89 Ac	90 Th	91 Pa	92 U	93 Np	94 Pu	95 Am	96 Cm	97 Bk	98 Cf	99 Es	100 Fm	101 Md	102 No

n	d^1	d^2	d^3	d^4	d^5	d^6	d^7	d^8	d^9	d^{10}	p^1	p^2	p^3	p^4	p^5	p^6
2											5 B	6 C	7 N	8 O	9 F	10 Ne
3											13 Al	14 Si	15 P	16 S	17 Cl	18 Ar
4	21 Sc	22 Ti	23 V	24 Cr	25 Mn	26 Fe	27 Co	28 Ni	29 Cu	30 Zn	31 Ga	32 Ge	33 As	34 Se	35 Br	36 Kr
5	39 Y	40 Zr	41 Nb	42 Mo	43 Tc	44 Ru	45 Rh	46 Pd	47 Ag	48 Cd	49 In	50 Sn	51 Sb	52 Te	53 I	54 Xe
6	71 Lu	72 Hf	73 Ta	74 W	75 Re	76 Os	77 Ir	78 Pt	79 Au	80 Hg	81 Tl	82 Pb	83 Bi	84 Po	85 At	86 Rn
7	103 Lr															

1.4 Enlace atómico

Existen cuatro mecanismos importantes por medio de los cuales se enlazan los átomos en los materiales de ingeniería, a saber:

1. enlaces metálicos (metal-metal);
2. enlaces iónicos (metal-no metal);
3. enlaces covalentes (no metal-no metal), y
4. enlaces de van der Waals (entre moléculas)

Los primeros tres tipos de enlaces son relativamente fuertes y se conocen como enlaces primarios (enlaces relativamente fuertes entre átomos adyacentes que resultan de la transferencia o compartición de los electrones orbitales externos). Las fuerzas de van der Waals son enlaces secundarios y se originan a partir de un mecanismo distinto y son relativamente más débiles.

Enlace metálico.

Los elementos metálicos tienen átomos electropositivos que donan sus electrones de valencia para formar un "mar" de electrones que rodea a los átomos como se muestra en la figura de abajo. Por ejemplo, el aluminio cede sus tres electrones de valencia, pero deja una parte central que consiste en el núcleo y los electrones internos. Dado que en esta parte central faltan tres electrones con carga negativa, tiene una carga positiva de tres. Los electrones de valencia se mueven con libertad dentro de infinidad de electrones y se asocian con varias partes centrales de átomos. Las partes centrales de iones con carga positiva se mantienen unidas por medio de la atracción mutua al electrón, por lo que producen un enlace metálico fuerte.

Debido a que sus electrones de valencia no están fijos en una sola posición, la mayoría de los metales puros son buenos conductores de electricidad a temperaturas relativamente bajas (menores de aproximadamente 300 K). En la zona de influencia de un voltaje aplicado los electrones de valencia se mueven y provocan que fluya una corriente si el circuito está cerrado.

Los metales muestran buena ductilidad, dado que los enlaces metálicos son no direccionales. Existen otras razones importantes relacionadas con la microestructura que pueden explicar por qué los metales exhiben resistencias más bajas y ductilidad más alta que lo que puede anticiparse a partir de su enlazamiento. La ***ductilidad*** se refiere a la capacidad de los materiales para estirarse o flexionarse permanentemente sin romperse. En general, los puntos de fusión de los metales son relativamente altos. Desde el punto de vista de las propiedades ópticas, los metales son buenos reflectores de la radiación visible. Debido a su carácter electropositivo, varios metales como el hierro tienden a experimentar corrosión u oxidación.

Muchos metales puros son buenos conductores de calor y se usan de manera eficaz en muchas aplicaciones de transferencia de calor. Es necesario destacar que el enlace metálico es uno de los factores en los esfuerzos que se llevan a cabo para racionalizar las tendencias observadas con respecto a las propiedades de los materiales metálicos.

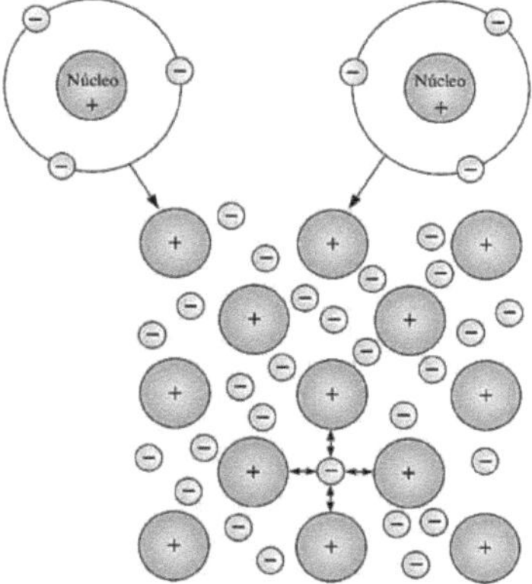

Se forma un enlace metálico cuando los átomos ceden sus electrones de valencia, que comienzan a formar infinidad de electrones. Las partes centrales de átomos con carga positiva se enlazan por medio de la atracción mutua a los electrones con carga negativa.

Enlace iónico.

Cuando está presente más de un tipo de átomo en un material, uno de ellos puede donar sus electrones de valencia a un átomo distinto para llenar la capa de energía externa del segundo átomo. Ambos átomos tienen ahora niveles de energía externos llenos (o vacíos), pero han adquirido una carga eléctrica y se comportan como iones. Al átomo que aporta los electrones y que se queda con una carga neta positiva se le llama catión, mientras que al átomo que acepta los electrones y adquiere una carga neta negativa se le llama anión. Entonces, los iones con carga opuesta son atraídos entre sí y producen el enlace iónico. Por ejemplo, la atracción entre los iones de sodio y los de cloruro (figura de abajo) produce cloruro de sodio (NaCl), o sal de mesa.

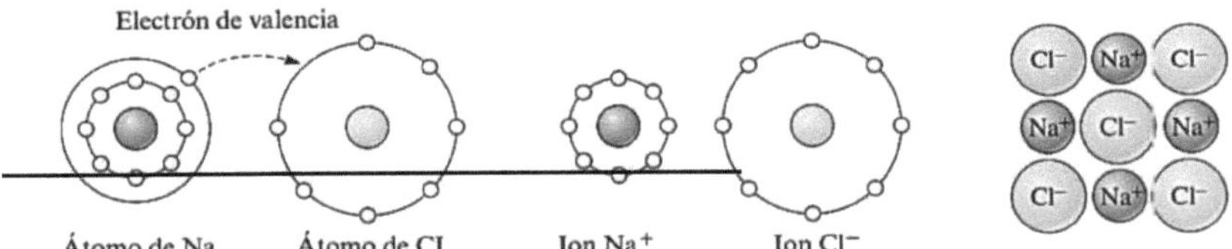

Se crea un enlace iónico entre dos átomos diferentes con electronegatividades distintas. Cuando el sodio dona su electrón de valencia al cloro, cada átomo se convierte en un ion, ocurre una atracción y se forma el enlace iónico.

El enlace iónico es conceptualmente la clase más simple de enlace entre átomos. Un material electropositivo, que tiene uno o más electrones extra más allá de su último subnivel completado, se acerca a un material electronegativo al que le hace falta uno o más electrones que no lograron el relleno de su subnivel periférico. Las fuerzas electroestáticas favorecen energéticamente al material electropositivo para donar su electrón de valencia (o electrones) al material electronegativo. Los metales de los Grupos I y II de la tabla periódica frecuentemente forman enlaces iónicos con los halógenos del Grupo VII. A todos los halógenos les falta un electrón y no llegan a tener ocho electrones de valencia, así que fácilmente adoptan al electrón extra del metal.

Enlace covalente.

Los materiales con enlace covalente se caracterizan por enlaces que se forman por medio de la compartición de los electrones de valencia entre dos o más átomos. Por ejemplo, un átomo de silicio, que tiene una valencia de cuatro, obtiene ocho electrones en su capa de energía externa pues comparte sus electrones de valencia con cuatro átomos de silicio circundantes, como en la figura de abajo (a) y (b). Cada instancia de la compartición representa un enlace covalente; por lo tanto, cada átomo de silicio está enlazado a cuatro átomos vecinos por medio de cuatro enlaces covalentes. Para que se formen enlaces covalentes, los átomos de silicio deben arreglarse de tal manera que los enlaces tengan una relación direccional fija entre sí. Se forma una relación direccional cuando los enlaces entre los átomos de un material enlazado de manera covalente forman ángulos específicos, que dependen del material. En el caso del silicio, este arreglo produce un tetraedro, con ángulos de 109.5° entre los enlaces covalentes [figura (c)]. Como resultado, los materiales enlazados de manera covalente son muy resistentes y duros.

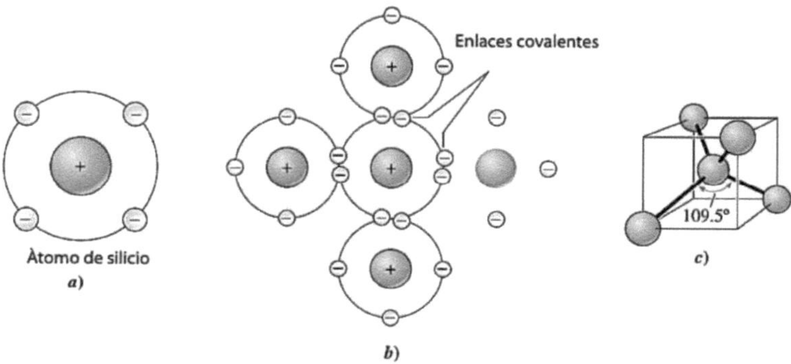

a) El enlazamiento covalente requiere que los electrones se compartan entre los átomos, de forma tal que cada átomo tenga lleno su orbital externo *sp*. b) En el silicio, con una valencia de cuatro, se deben formar cuatro enlaces covalentes. c) Los enlaces covalentes son direccionales. En el silicio se forma una estructura tetraédrica con ángulos de 109.5° encontrado entre cualquier par de enlaces covalentes.

Por lo general, los materiales enlazados de esta manera tienen ductilidad limitada, debido a que los enlaces tienden a ser direccionales. La conductividad eléctrica de muchos materiales enlazados de manera covalente (por ejemplo, el silicio, el diamante y muchas cerámicas) no es alta, dado que los electrones de valencia están encerrados en los enlaces entre los átomos y no están fácilmente disponibles para la conducción. Algunos de estos materiales, como el Si, pueden obtener niveles útiles y controlados de conductividad eléctrica si se les introducen de manera deliberada pequeños niveles de otros elementos conocidos como dopantes. Los polímeros conductores también son un buen ejemplo de materiales enlazados de manera covalente que pueden convertirse en materiales semiconductores. El desarrollo de polímeros conductores ligeros ha capturado la atención de muchos científicos e ingenieros, pues es muy útil para el desarrollo de componentes electrónicos flexibles.

A diferencia de los electrones donados en enlaces iónicos, los electrones en enlaces covalentes pueden estar ubicados en cualquier punto alrededor de los dos núcleos, pero es más común encontrarlos entre ellos, como se muestra en la figura de abajo. La existencia de energía mínima proporciona la base para el enlace covalente, en la que los electrones se comparten.

Cuando moléculas idénticas (como dos hidrógenos) se enlazan, la probabilidad es exactamente igual de hallar un electrón de enlace cerca de una molécula como de otra, y el enlace se llama ***covalente no polar***.

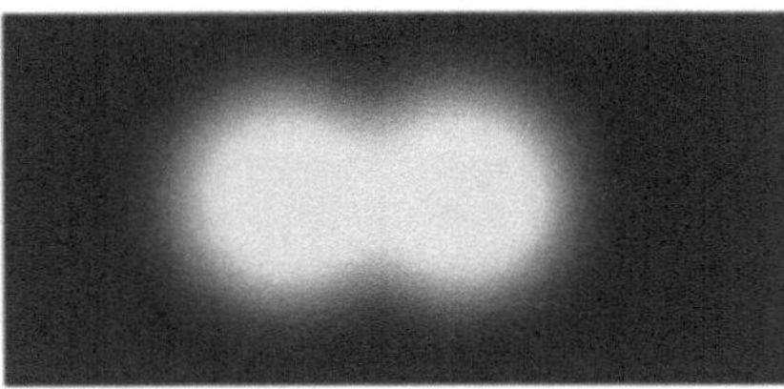

Nube de electrones del enlace covalente no polar

Cuando moléculas diferentes interactúan, es más probable que una tenga alguna clase de afinidad mayor para atraer electrones que la otra. Como resultado, la densidad electrónica alrededor de los átomos será asimétrica, y el enlace se conoce como ***covalente polar***. La densidad del electrón para un enlace polar se ilustra en la figura siguiente.

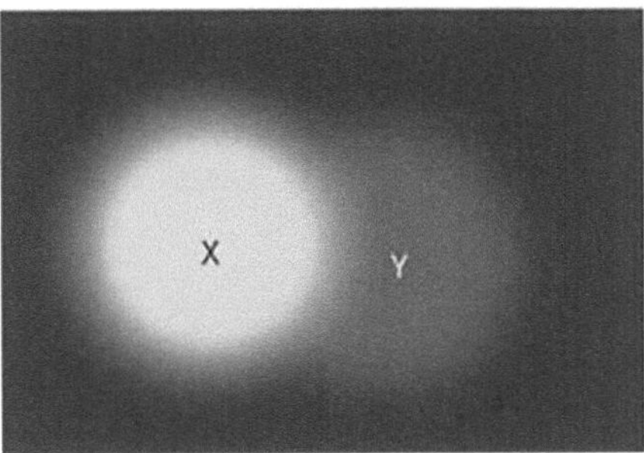

Nube de electrones alrededor de un enlace covalente polar. (El átomo más electronegativo es el de la izquierda.)

La capacidad de un átomo para atraer electrones a sí mismo en un enlace covalente se conoce como electronegatividad. El flúor (hasta arriba del Grupo VII) es el más electronegativo de todos los elementos y tiene asignado un valor de electronegatividad de 4. El cesio (en el Grupo I) es el menos electronegativo y tiene asignado un valor de 1.7. La tabla siguiente resume los valores de electronegatividad de muchos materiales.

La cantidad de polaridad en un enlace covalente está directamente relacionada con la diferencia en electronegatividades entre los átomos. Cuando la diferencia es grande (como en H—F), el enlace será altamente polar, pero cuando la diferencia es pequeña (como en C—H), el enlace será sólo ligeramente polar. La polaridad en un enlace covalente está a menudo considerada como un carácter parcialmente iónico del enlace. Un enlace altamente polar tiene electrones que pasan significativamente más tiempo cerca del átomo electronegativo, muy parecido a un enlace iónico.

Valores de electronegatividad para los elementos comunes						
Valores de electronegatividad						
H 2.1						
Li 1.0	Be 1.5	B 2.0	C 2.5	N 3.0	O 3.5	F 4.0
Na 0.9	Mg 1.2	Al 1.5	Si 1.8	P 2.1	S 2.5	Cl 3.0
k 0.8	Ca 1.0	Sc 1.3	Ge 1.8	As 2.0	Se 2.4	Br 2.8
Rb 0.8	Sr 1.0	Y 1.2	Sn 1.8	Sb 1.9	Te 2.1	I 2.5
Cs 0.7	Ba 0.9	La 1.0	Pb 1.9	Bi 1.9	Po 2.0	At 2.2

Como resultado, el caracterizar un enlace como iónico o covalente es realmente una simplificación excesiva. La mayoría de los enlaces reales tienen características iónicas y covalentes. La diferencia en la electronegatividad corresponde directamente al carácter porcentual iónico del enlace, como se muestra en la figura siguiente.

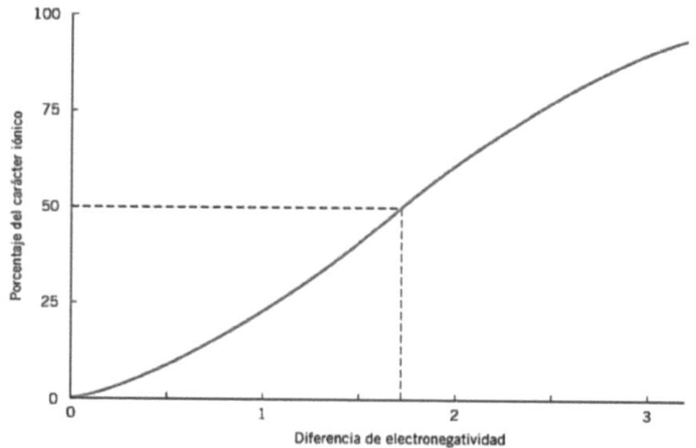

La fracción del enlace que es covalente puede calcularse a partir de la siguiente ecuación exacta:

$$\text{Fracción covalente} = \exp(-0.25\Delta E^2)$$

donde ΔE es la diferencia entre las electronegatividades.

A manera de *ejemplo*, determinar qué tan iónicos serían los enlaces entre los siguientes átomos:

a) Sodio y cloro: La electronegatividad del sodio (Na) es de 1.9 y del cloro (Cl) es de 3.0, de acuerdo con la tabla anterior. La diferencia es 3.0 - 1.9 = 2.1, la cual es aproximadamente 68% iónica (32% covalente).

b) Carbono y nitrógeno: La electronegatividad del carbono (C) es de 2.5 y del nitrógeno es de 3.1. La diferencia es 3 - 2.5 = 1.5, la cual corresponde a aproximadamente 10 % iónica (90% covalente).

c) Potasio y azufre: La electronegatividad del potasio (K) es de 1.8 y del sulfuro es de 2.5. La diferencia es 2.5 - 1.8 = 1.7, la cual corresponde a 50% iónica (50% covalente).

Los resultados anteriores se aproximan a los valores reales de la última ecuación exponencial.

Enlace de van der Waals.

El origen de las fuerzas de van der Waals entre átomos y moléculas es de naturaleza mecánica cuántica, por lo que una explicación detallada está más allá del alcance de este curso. Aquí se presenta una descripción simplificada. Si dos cargas eléctricas +q y -q están separadas por una distancia d, el momento dipolar se define como qd. Los átomos son eléctricamente neutros. Además, los centros de la carga positiva (núcleo) y de la carga negativa (nube de electrones) coinciden. Por lo tanto, un átomo neutro no tiene momento dipolar. Cuando se expone un átomo neutro a un campo eléctrico interno o externo, el átomo puede polarizarse (es decir, los centros de las cargas positiva y negativa se separan). Esta polarización crea o induce un momento dipolar (figura de abajo). En algunas moléculas no se tiene que inducir el momento dipolar, sino que este existe por virtud de la dirección de los enlaces y la naturaleza de los átomos. A estas moléculas se les conoce como moléculas polarizadas. El agua es un ejemplo de tales moléculas que tiene un momento dipolar inherente permanente.

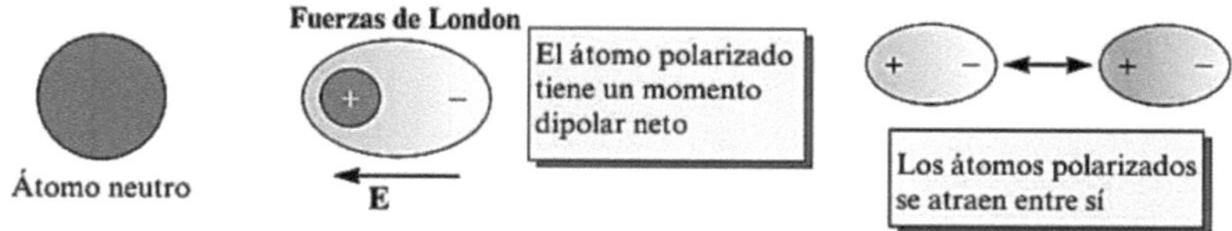

Ilustración de las fuerzas de London, un tipo de fuerza de van der Waals, entre átomos.

Las moléculas o átomos en los que hay un momento dipolar inducido o permanente se atraen entre sí. A la fuerza resultante se le conoce como fuerza de van der Waals. Las fuerzas de van der Waals entre átomos y moléculas tienen su origen en las interacciones entre los dipolos que son inducidos o en algunos casos en las interacciones entre los dipolos permanentes que están presentes en ciertas moléculas polares. Lo que es único acerca de estas fuerzas es que están presentes en todos los materiales.

los enlaces de van der Waals son enlaces secundarios, pero los átomos dentro de la molécula o grupo de átomos están unidos por medio de enlaces covalentes o iónicos fuertes. Cuando se calienta el agua hasta el punto de ebullición, se rompen los enlaces de van der Waals y el agua se transforma en vapor, pero se requieren temperaturas mucho más altas para romper los enlaces covalentes que unen los átomos de oxígeno e hidrógeno.

Aunque denominados "secundarios", con base en las energías de enlace, las fuerzas de van der Waals desempeñan una función muy importante en varias áreas de la ingeniería. Las fuerzas de van der Waals entre átomos y moléculas desempeñan una función vital para determinar la tensión superficial y los puntos de ebullición de los líquidos. En la ciencia e ingeniería de materiales, la tensión superficial de los líquidos y la energía superficial de los sólidos intervienen en diferentes situaciones. Por ejemplo, cuando se desea procesar polvos cerámicos o metálicos en partes sólidas densas, con frecuencia los polvos tienen que dispersarse en agua o en líquidos orgánicos. Que se pueda lograr esta dispersión de manera eficaz depende de la tensión superficial del líquido y de la energía superficial del material sólido. La tensión superficial de los líquidos también asume importancia cuando se deben procesar metales y aleaciones fundidas (por ejemplo, vaciado) y vidrios.

1.5 Estructura de los materiales

En cristalografía, muchos estudiantes se desconciertan inicialmente por el tópico de cómo los átomos están arreglados en los materiales. Algunos de los problemas se centran en la necesidad de usar la geometría para visualizar imágenes tridimensionales, pero con frecuencia *el problema más grande es ver la relevancia del tópico*. Los estudiantes pueden aprender a calcular los índices de Miller y dibujar el plano adecuado, pero si sólo memorizaron un procedimiento sin obtener ninguna apreciación de cómo se vincula con los problemas más grandes en el curso, su aprendizaje tendrá muy poco de valor duradero. Los estudiantes quieren saber exactamente cómo es que esta información les ayudará a seleccionar el material correcto para una aplicación específica o para rediseñar un material existente para hacerlo más adecuado. Los materiales se eligen porque tienen propiedades adecuadas para una función determinada, y estas propiedades determinan si un material es adecuado o no.

En los distintos estados de la materia se pueden definir cuatro tipos de arreglos (o distribuciones) atómicos o iónicos, estos son:

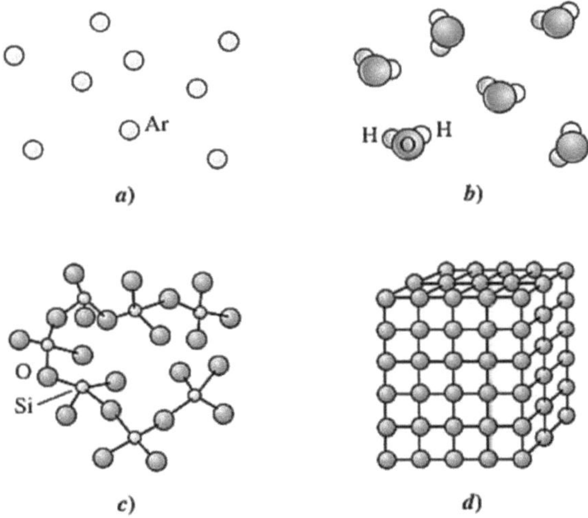

Niveles de arreglos atómicos en los materiales: *a)* Los gases monoatómicos inertes no tienen un ordenamiento regular de átomos. Algunos materiales, entre ellos el vapor de agua y *b)* el vidrio de silicato *c)* tienen orden de corto alcance. *d)* Los metales, las aleaciones, muchas cerámicas y algunos polímeros tienen un ordenamiento regular de átomos/iones que se extiende a lo largo del material.

Sin orden.

En los gases monoatómicos, como el argón (Ar) o el plasma creado en una lámpara fluorescente, los átomos o iones no tienen un arreglo ordenado.

Orden de corto alcance.

Un material muestra un orden de corto alcance (OCA) si el arreglo especial de los átomos sólo se extiende a los átomos vecinos más cercanos. Cada molécula de agua del vapor tiene un orden de corto alcance debido a los enlaces covalentes entre los átomos de hidrógeno y oxígeno; es decir, cada átomo de oxígeno se une a dos átomos de hidrógeno para formar un ángulo de 104.5° entre los enlaces. Sin embargo, no existe un orden de largo alcance, debido a que las moléculas de agua que conforman el vapor no tienen un arreglo especial con respecto a la posición de las demás. Muchos polímeros también muestran arreglos atómicos de corto alcance.

Orden de largo alcance.

La mayoría de los metales y las aleaciones, los semiconductores, las cerámicas y algunos polímeros tienen una estructura cristalina en la que los átomos o iones muestran un orden de largo alcance (OLA); el arreglo atómico especial se extiende sobre escalas de longitud mucho mayores de $\sim > 10\ nm$. Los átomos o iones que constituyen estos materiales forman un patrón repetitivo regular parecido a una cuadrícula en tres dimensiones. A estos materiales se les conoce como *materiales cristalinos*. Si uno de ellos solo consiste en un único cristal grande, se le conoce como *monocristal*. Los monocristales son útiles en muchas aplicaciones electrónicas y ópticas. Por ejemplo, los chips de computadora se fabrican a partir de silicio en la forma de monocristales grandes (de hasta 12 pulgadas de diámetro) [figura (a)]. De manera similar, muchos dispositivos optoelectrónicos útiles se fabrican a partir de cristales de niobato de litio (LiNbO3). Los monocristales también pueden fabricarse como películas delgadas y utilizarse para muchas aplicaciones electrónicas. Ciertos tipos de álabes de turbinas también se fabrican a partir de monocristales de superaleaciones basadas en níquel.

Un *material policristalino* está constituido por varios cristales más pequeños con diversas orientaciones en el espacio. A estos cristales más pequeños se les conoce como *granos*. A los límites entre los cristales, donde estos están en desalineamiento, se les llama *límites de grano*. La figura (b) muestra la microestructura de un material de acero inoxidable policristalino. Numerosos materiales cristalinos con los que se realizan aplicaciones de ingeniería son policristalinos (por ejemplo, los aceros que se utilizan en la construcción, las aleaciones de aluminio para aviones, etc.). Las propiedades de los materiales policristalinos dependen de la composición química y de las direcciones específicas dentro del cristal (conocidas como direcciones cristalográficas). El orden de largo alcance en los materiales cristalinos puede detectarse y medirse por medio de técnicas como la *difracción de rayos x* o la *difracción de electrones*.

a)   *b)*

a) Fotografía de un monocristal de silicio. (Petr Sobolev/iStock/Thinkstock) b) Micrografía de un acero inoxidable policristalino que muestra los granos y los límites de los granos. (Cortesía de los doctores A. J. Deardo, M. Hua y J. García).

Los cristales líquidos (CL) son materiales poliméricos que tienen un tipo especial de orden. Los polímeros de cristal líquido se comportan como materiales amorfos (de modo parecido a los líquidos) en un estado. Cuando se los somete a un estímulo externo (como un campo eléctrico o un cambio en la temperatura), algunas moléculas de polímero experimentan una alineación y forman pequeñas regiones cristalinas, de ahí el nombre de "cristales líquidos". Estos materiales tienen muchas aplicaciones comerciales en la tecnología de las pantallas de cristal líquido (LCD).

1.6 Materiales amorfos

Cualquier material que sólo tiene un ***orden de corto alcance*** de átomos o iones es un material amorfo; es decir, ***es un material no cristalino***. En general, se pretende que la mayoría de los materiales formen arreglos periódicos, dado que esta configuración maximiza su estabilidad termodinámica. Los materiales amorfos tienden a formarse cuando, por alguna u otra razón, la cinética del proceso por medio del cual se prepararon no permite la formación de arreglos periódicos. Los vidrios, los que por lo general se forman en sistemas cerámicos o poliméricos, son buenos ejemplos de materiales amorfos. De manera similar, ciertos tipos de geles poliméricos o coloidales, o materiales parecidos a geles, también se consideran amorfos. Con frecuencia, los materiales amorfos presentan una mezcla única de propiedades, dado que los átomos o iones no están ensamblados en sus arreglos "regulares" y periódicos. Observe que, con frecuencia, muchos materiales de ingeniería etiquetados como "amorfos" pueden contener una fracción cristalina.

17

1.7 Red, base, celdas unitarias y estructuras cristalinas

Un sólido común contiene un orden de 10^{23} átomos/cm^3. Para comunicar los arreglos espaciales de los átomos en un cristal, está claro que no es necesario o práctico especificar la posición de cada átomo. Se explicarán dos metodologías complementarias para describir de manera sencilla los arreglos tridimensionales de los átomos en un cristal. Se hará referencia a ellas como el *concepto de red y base* y el *concepto de celda unitaria*. Estos conceptos están ligados a los principios de la cristalografía. Para el propósito de la descripción de los arreglos de átomos en un sólido, estos se visualizarán como esferas rígidas.

Concepto de red y base

Una red es una colección de puntos llamados *puntos de red*, los cuales se arreglan en un patrón periódico, de tal manera que los entornos de cada punto en la red sean idénticos. Una red es una construcción puramente matemática cuya extensión es infinita. Una red puede ser uni, bi o tridimensional. En una dimensión solo existe una red posible: es una línea de puntos separados entre sí por una distancia igual, como se muestra en la figura (a). A un grupo de uno o más átomos localizados en una manera en particular respecto uno de otro y asociados con cada punto de red, se le conoce como *motivo o base*. La base debe contener por lo menos un átomo, pero puede contener muchos átomos de uno o más tipos. En la figura (b) se muestra la base de un átomo. Para obtener una *estructura cristalina* los átomos de la base se deben colocar en cada punto de red (es decir, la estructura cristalina = la red + la base), como se muestra en la figura (c). En la figura (d) se muestra un cristal unidimensional hipotético que tiene una base de dos átomos distintos. El átomo más grande se ubica en cada punto de red con el átomo más pequeño localizado a una distancia fija sobre el punto de red. Observe que no es necesario que uno de los átomos de la base esté ubicado en cada punto de red, como se muestra en la figura (e). Las figuras (d) y e) representan el mismo cristal unidimensional; los átomos simplemente se desplazan de manera relativa entre sí. Tal desplazamiento no modifica los arreglos atómicos en el cristal.

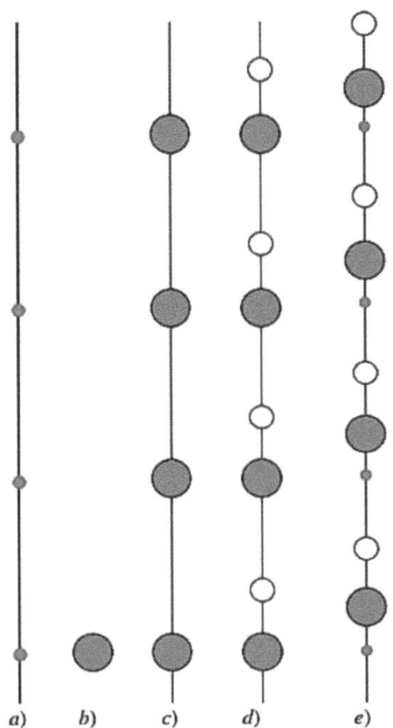

Red y base. *a*) Red unidimensional. Los puntos de red están separados por una distancia igual. *b*) Base de un átomo. *c*) Estructura cristalina que se forma colocando la base de *b*) sobre cada punto de red en *a*). *c'*) Estructura cristalina que se forma colocando una base de dos átomos de distintos tipos en la red en *a*). *e*) El mismo cristal que el que se muestra en *d*); sin embargo, la base se ha desplazado en relación con cada punto de red.

Sólo existe ***una manera*** de arreglar los puntos ***en una dimensión*** para que cada punto tenga entornos idénticos: un arreglo de puntos separados por una distancia igual, como ya se explicó. Existen ***cinco maneras*** distintas de arreglar los puntos en ***dos dimensiones*** para que cada punto tenga entornos idénticos: por lo tanto, existen cinco redes bidimensionales. Sólo hay ***14 maneras*** únicas de arreglar los puntos en ***tres dimensiones***. A estos arreglos tridimensionales únicos de puntos de red se les conoce como ***redes de Bravais***, nombradas así en honor de Auguste Bravais (1811-1863), quien fue uno de los primeros cristalógrafos franceses. En la figura de abajo se muestran las 14 redes de Bravais. Como ya se enunció, cada red tiene una extensión infinita, por lo que se muestra una sola celda unitaria de cada red. La ***celda unitaria*** es la subdivisión de una red que mantiene las características generales de toda la red. Los puntos de red se localizan en las esquinas de las celdas unitarias y, en algunos casos, en sus caras o en el centro de ellas.

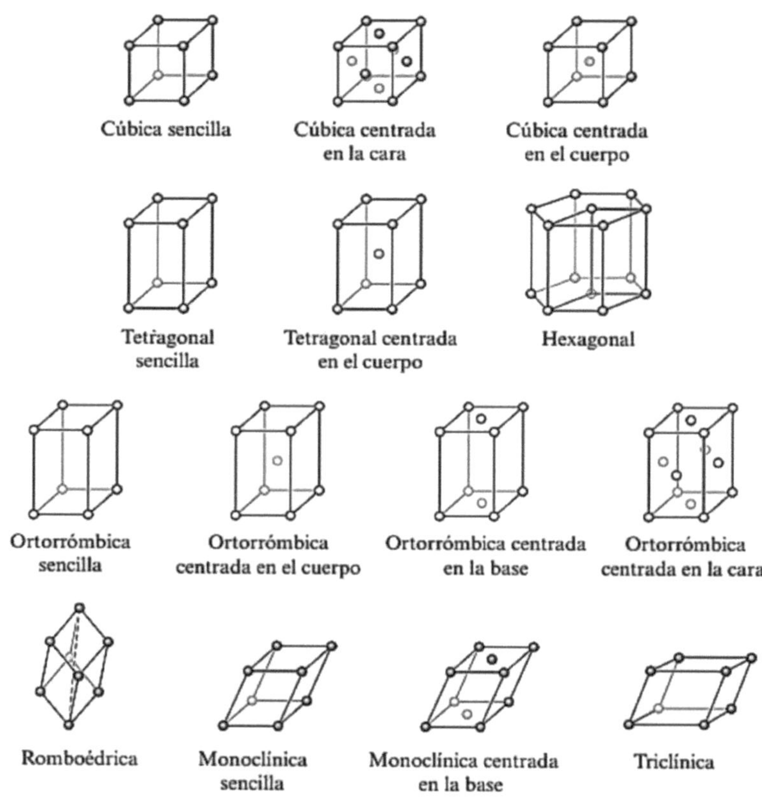

Los 14 tipos de redes de Bravais agrupados en los siete sistemas cristalinos.

Las 14 redes de Bravais se agrupan en siete sistemas cristalinos, que se conocen como cúbico, tetragonal, ortorrómbico, romboédrico (al que también se le llama trigonal), hexagonal, monoclínico y triclínico. Observe que el sistema cristalino cúbico tiene las redes de Bravais cúbica sencilla (CS), cúbica centrada en la cara (CCCa) y cúbica centrada en el cuerpo (CCCu). Estos nombres describen el arreglo de los puntos de red en la celda unitaria. De manera similar, el sistema cristalino tetragonal tiene las redes tetragonal sencilla y tetragonal centrada en el cuerpo. De nuevo, recuerde que el concepto de red es matemático y no menciona átomos, iones o moléculas. Solo cuando se asocia una base con una red se puede describir una estructura cristalina. Por ejemplo, si se toma la red cúbica centrada en la cara y se posiciona una base de un átomo sobre cada punto de red, se reproduce la estructura cristalina cúbica centrada en la cara.

Observe que, aunque sólo existen 14 redes de Bravais, se puede tener un número infinito de bases. En la naturaleza se observan o pueden sintetizarse cientos de estructuras cristalinas distintas. Muchos materiales diferentes pueden tener la misma estructura cristalina. Por ejemplo, el cobre y el níquel tienen la estructura cristalina cúbica centrada en la cara en la que sólo un átomo está asociado con cada punto de red. En estructuras más complejas, en particular los materiales poliméricos, cerámicos y biológicos, se pueden asociar varios átomos con cada punto de red (es decir, la base es mayor de uno), para formar celdas unitarias muy complejas.

Celda unitaria

El concepto de celda unitaria complementa el modelo de red y base para representar una estructura cristalina. Aunque las metodologías de los conceptos de red y base y de celda unitaria son un tanto distintos, el resultado final, la descripción de un cristal, es el mismo.

Nuestro objetivo al elegir una celda unitaria para una estructura cristalina es encontrar una unidad de repetición sencilla que, cuando se duplica y se traslada, reproduce toda la estructura cristalina.

Para comprender el concepto de celda unitaria, se comienza con el cristal. La figura (a) de abajo muestra un cristal bidimensional hipotético que consiste en átomos del mismo tipo.

Después, se adiciona una cuadrícula que imita la simetría de los arreglos de los átomos. Existe un número infinito de posibilidades para representar la cuadrícula, pero por convención, por lo regular se elige la más sencilla. En el caso del arreglo cuadrado de átomos que se muestra en la figura (a) se elige una cuadrícula cuadrada, como la de la figura (b). Después, se selecciona la unidad de repetición de la cuadrícula, la cual también se conoce como celda unitaria. Esta es la unidad que, cuando se duplica y traslada por medio de múltiples enteros de las longitudes axiales de la celda unitaria, recrea todo el cristal. En la figura (c) se muestra una celda unitaria; observe que en cada una de ellas sólo hay *un cuarto de un átomo en cada esquina en dos dimensiones*. Siempre se dibujarán círculos llenos para representar los átomos, pero se comprende que sólo la fracción del átomo que está contenido dentro de la celda unitaria contribuye al número total de átomos en cada una de ellas. Por lo tanto, hay 1/4 de átomo/esquina por 4 esquinas = 1 átomo por celda unitaria, como se muestra en la figura (c). También es importante observar que, si hay un átomo en una esquina de la celda unitaria, debe haber un átomo en cada esquina de la celda unitaria para mantener la simetría de traslación. Cada celda unitaria tiene su propio origen, como se muestra en la figura (c).

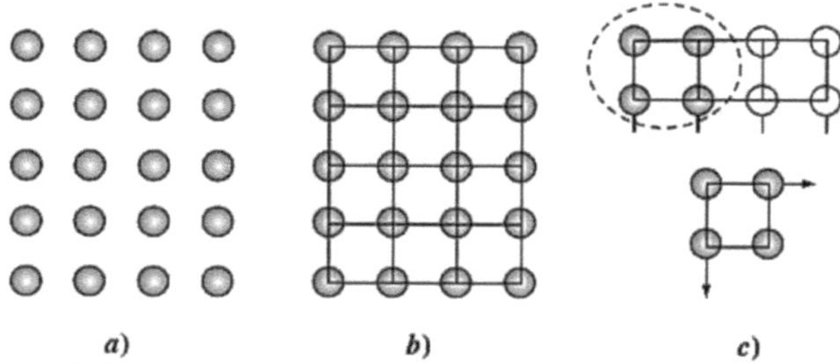

Celda unitaria. a) Cristal bidimensional. b) El cristal con una cuadrícula superpuesta que refleja la simetría del cristal. c) Unidad de repetición de la cuadrícula conocida como celda unitaria. Cada celda unitaria tiene su propio origen.

Parámetros de red y ángulos interaxiales

Los *parámetros de red* son las longitudes o dimensiones axiales de la celda unitaria que, por convención, se indican como a, b y c. Los ángulos entre las longitudes axiales, conocidos como ángulos interaxiales, se indican por medio de las letras griegas α, β y γ. Por convención, α es el ángulo entre las longitudes b y c, β es el ángulo entre las longitudes a y c y γ es el ángulo entre las longitudes a y b, como se muestra en la figura de abajo. (Observe que para cada combinación hay una letra a, b y c, ya sea que se escriban en letras griegas o romanas.)

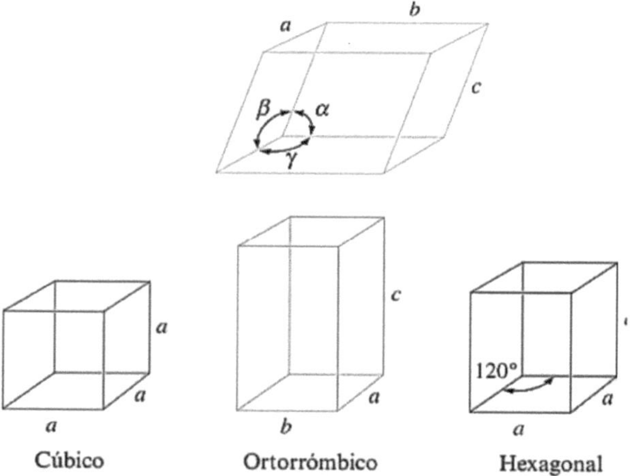

Definición de los parámetros de red y su uso en los sistemas cristalinos cúbico, ortorrómbico y hexagonal.

En un sistema cúbico cristalino sólo se debe especificar la longitud de uno de los lados del cubo (en ocasiones se designa como a_0). Con frecuencia, la longitud se da en unidades de nanómetros (nm) o angstrom (Å), donde

$$1 \text{ nanómetro (nm)} = 10^{-9}\text{ m} = 10^{-7}\text{ cm} = 10 \text{ Å}$$
$$1 \text{ angstrom (Å)} = 0.1 \text{ nm} = 10^{-10}\text{ m} = 10^{-8}\text{ cm}$$

En la tabla siguiente se presentan los parámetros de red y los ángulos interaxiales de las celdas unitarias de los siete sistemas cristalinos.

Características de los siete sistemas cristalinos

Estructura	Ejes	Ángulos entre los ejes	Volumen de la celda unitaria
Cúbica	$a = b = c$	Todos los ángulos son de 90°	a^3
Tegragonal	$a = b \neq c$	Todos los ángulos son de 90°	a^2c
Ortorrómbica	$a \neq b \neq c$	Todos los ángulos son de 90°	abc
Hexagonal	$a = b \neq c$	El ángulo entre a y b es de 120°. Todos los ángulos son iguales y ninguno es de 90°	$0.866a^2c$
Romboédrica o trigonal	$a = b = c$	All angles are equal and none equals 90°	$a^3\sqrt{1 - 3\cos^2\alpha + 2\cos^3\alpha}$
Monoclínica	$a \neq b \neq c$	Dos ángulos de 90°. Un ángulo (β) no es de 90°	$abc\,\mathrm{sen}\,\beta$
Triclínica	$a \neq b \neq c$	Todos los ángulos son distintos y ninguno es de 90°	$abc\sqrt{1 - \cos^2\alpha - \cos^2\beta - \cos^2\gamma + 2\cos\alpha\cos\beta\cos\gamma}$

Para definir por completo una celda unitaria, se deben especificar los parámetros de red o razones entre las longitudes axiales, los ángulos interaxiales y las coordenadas atómicas. Cuando se especifican las coordenadas atómicas, todos los átomos se colocan en la celda unitaria. Las coordenadas se especifican como fracciones de las longitudes axiales. Por lo tanto, en el caso de la celda bidimensional que se representa en la figura (c) de abajo, la celda unitaria se especifica por completo por medio de la siguiente información:

Longitudes axiales: $a = b$

Ángulo interaxial: $\gamma = 90°$

Coordenada atómica: (0, 0)

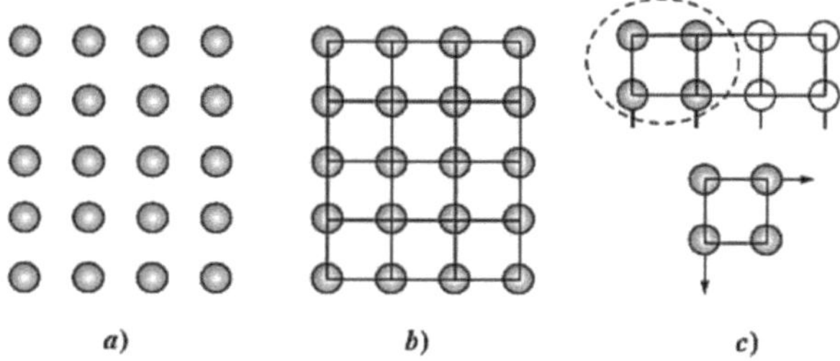

a) *b)* *c)*

De nuevo, sólo 1/4 del átomo en cada origen (0, 0) contribuye al número de átomos por celda unitaria; sin embargo, cada esquina actúa como un origen y contribuye 1/4 de átomo por esquina para un total de un átomo por celda unitaria.

De manera similar, una celda unitaria cúbica con un átomo en cada esquina se especifica por completo por medio de la siguiente información:

Longitudes axiales: $a = b = c$
Ángulos interaxiales: $\alpha = \beta = \gamma = 90°$
Coordenada atómica: $(0, 0, 0)$

Ahora en tres dimensiones, cada esquina contribuye con 1/8 de átomo a cada una de las ocho esquinas para un total de un átomo por celda unitaria. Observe que el número de coordenadas atómicas que se requieren es igual al número de átomos por celda unitaria. Por ejemplo, si hay dos átomos por celda unitaria, con un átomo en las esquinas y un átomo en la posición centrada en el cuerpo, se requieren dos coordenadas atómicas: $(0, 0, 0)$ y $(1/2, 1/2, 1/2)$.

Número de átomos por celda unitaria

Cada celda unitaria contiene un número específico de puntos de red. Cuando se cuenta el número de puntos de red que pertenecen a cada celda unitaria, se debe reconocer que, al igual que los átomos, los puntos de red pueden estar compartidos por más de una celda unitaria. Un punto de red en una esquina de una celda unitaria está compartido por siete celdas unitarias adyacentes; sólo un octavo de cada esquina pertenece a una celda en particular. Por lo tanto, el número de puntos de red de todas las posiciones en las esquinas en una celda unitaria es:

$$\left(\frac{1/8 \text{ punto de red}}{\text{esquina}}\right)\left(\frac{8 \text{ esquinas}}{\text{celdas}}\right) = \frac{1 \text{ punto de red}}{\text{celda unitaria}}$$

Las esquinas contribuyen con 1/8 de un punto, las caras con 1/2 y las posiciones centradas en el cuerpo, con 1 punto figura (a) de abajo.

El número de átomos por celda unitaria es el producto del número de átomos por punto de red y el número de puntos de red por celda unitaria. En la figura (b) se muestran las estructuras de las celdas unitarias cúbicas sencilla (CS), cúbicas centradas en el cuerpo (CCCu) y cúbicas centradas en la cara (CCCa).

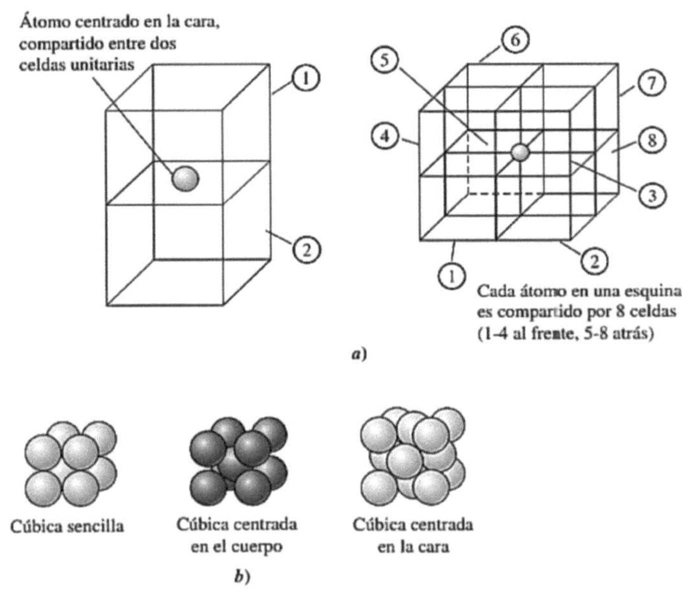

a) Ilustración que muestra la compartición de los átomos de las caras y las esquinas. b) Modelos de celdas unitarias cúbicas sencillas (CS), cúbicas centradas en el cuerpo (CCCu) y cúbicas centradas en la cara (CCCa), suponiendo sólo un átomo por punto de red.

Radio atómico frente a parámetro de red

Las direcciones en la celda unitaria a lo largo de las cuales los átomos están en contacto continuo se llaman ***direcciones compactas***. En las estructuras sencillas, particularmente en aquellas con sólo un átomo por punto de red, se utilizan estas direcciones para calcular la relación entre el tamaño aparente del átomo y el tamaño de la celda unitaria. Cuando se determina de manera geométrica la longitud de la dirección con respecto a los parámetros de red y después se adiciona el número de ***radios atómicos*** a lo largo de esta dirección, se puede determinar la relación deseada.

Ejemplo 1.1

Determine el número de puntos de red por celda en los sistemas cristalinos cúbicos. Si sólo hay un átomo localizado en cada punto de red, calcule el número de átomos por celda unitaria.

Solución:

En la celda unitaria CS, los puntos de red sólo están localizados en las esquinas del cubo:

$$\frac{8 \text{ esquinas}}{\text{celda unitaria}} * \frac{1/8 \text{ punto de red}}{\text{esquina}} = \frac{1 \text{ punto de red}}{\text{celda unitaria}}$$

En las celdas unitarias CCCu, los puntos de red se localizan en las esquinas y en el centro del cubo:

$$\frac{8 \text{ esquinas}}{\text{celda unitaria}} * \frac{1/8 \text{ punto de red}}{\text{esquina}} + \frac{1 \text{ centrado en el cuerpo}}{\text{celda unitaria}} * \frac{1 \text{ punto de red}}{\text{centrado en el cuerpo}} = \frac{2 \text{ puntos de red}}{\text{celda unitaria}}$$

En las celdas unitarias CCCa, los puntos de red se localizan en las esquinas y en las caras del cubo:

$$\frac{8 \text{ esquinas}}{\text{celda unitaria}} * \frac{1/8 \text{ punto de red}}{\text{esquina}} + \frac{6 \text{ centrado en la cara}}{\text{celda unitaria}} * \frac{1/2 \text{ punto de red}}{\text{centrado en la cara}} = \frac{4 \text{ puntos de red}}{\text{celda unitaria}}$$

Dado que se supone que sólo se localizan un átomo en cada punto de red, el número de átomos por celda unitaria sería de 1, 2 y 4 en las celdas unitarias cúbicas sencillas, cúbicas centradas en el cuerpo y cúbicas centradas en la cara, respectivamente.

Ejemplo 1.2

Por lo general, a las estructuras cristalinas se les asignan los nombres de un elemento o compuesto representativo que ellas contienen. El cloruro de cesio (CsCl) es un compuesto iónico cristalino. En la figura se muestra una celda unitaria de la estructura cristalina del CsCl. La celda unitaria es cúbica. Los aniones cloruro se localizan en las esquinas de la celda unitaria y el catión cesio lo hace en la posición centrada en el cuerpo de cada celda unitaria. Describa esta estructura como una red y base y también defina la celda unitaria del cloruro de cesio.

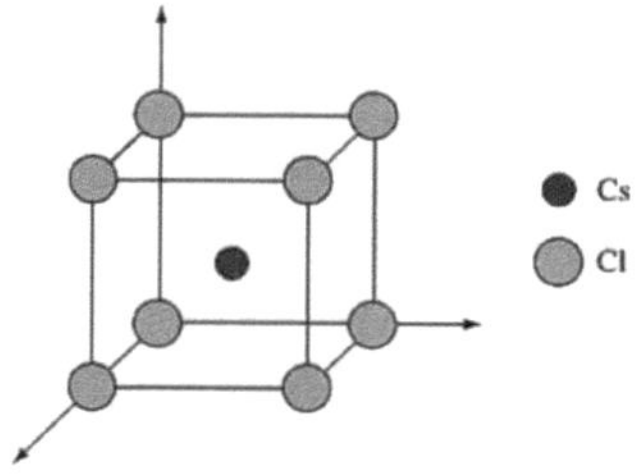

Estructura cristalina del CsCl. Nota: Los tamaños de los iones no están a escala.

Solución:

La celda unitaria es cúbica; por lo tanto, la red es CS, CCCa o CCCu. No hay átomos localizados en las posiciones centradas en la cara; por ello, la red es CS o CCCu. Cada anión Cl está rodeado por ocho cationes Cs en las posiciones centradas en el cuerpo de las celdas unitarias adyacentes. Cada catión Cs está rodeado por ocho aniones Cl en las esquinas de la celda unitaria. Por lo tanto, la esquina y las posiciones centradas en el cuerpo no tienen entornos idénticos, por lo que no pueden ser puntos de red. La red debe ser cúbica sencilla.

La red cúbica sencilla sólo tiene puntos de red en las esquinas de la celda unitaria. La estructura cristalina del cloruro de cesio puede describirse como una red cúbica sencilla con una base de dos átomos, Cl (0, 0, 0) y Cs (1/2, 1/2, 1/2). Observe que las coordenadas atómicas se presentan como fracciones de las longitudes axiales, las cuales son iguales en el caso de una estructura cristalina cúbica. El átomo base de Cl (0, 0, 0) colocado en cada punto de red (es decir, cada esquina de la celda unitaria) explica por completo cada átomo de Cl en la estructura. El átomo base de Cs (1/2, 1/2, 1/2) que se localiza en la posición centrada en el cuerpo con respecto a cada punto de red, explica por completo cada átomo de Cs en la estructura.

Por lo tanto, hay dos átomos por celda unitaria en el CsCl:

$$\frac{1 \text{ punto de red}}{\text{celda unitaria}} * \frac{2 \text{ iones}}{\text{punto de red}} = \frac{2 \text{ iones}}{\text{celda unitaria}}$$

Para definir por completo una celda unitaria, se deben especificar los parámetros de red o razones entre las longitudes axiales, los ángulos interaxiales y las coordenadas atómicas. La celda unitaria del CsCl es cúbica; por lo tanto

$$\text{Longitudes axiales: } a = b = c$$
$$\text{Ángulos interaxiales: } \alpha = \beta = \gamma = 90°$$

Los aniones Cl se localizan en las esquinas de la celda unitaria, mientras que los cationes Cs se ubican en las posiciones centradas en el cuerpo. Por lo tanto,

Coordenadas: Cl (0, 0, 0) y Cs (1/2, 1/2, 1/2)

Al contar los iones por celda unitaria,

$$\frac{8 \text{ esquinas}}{\text{celda unitaria}} * \frac{1/8 \text{ Cl ion}}{\text{esquina}} + \frac{1 \text{ centrado en el cuerpo}}{\text{celda unitaria}} * \frac{1 \text{ Cs ion}}{\text{centrado en el cuerpo}} = \frac{2 \text{ iones}}{\text{celda unitaria}}$$

Como se espera, el número de átomos por celda unitaria es el mismo sin que importe el método empleado para contarlos.

Ejemplo 1.3

Determine la relación entre el radio atómico y el parámetro de red en las estructuras CS, CCCu y CCCa.

Solución:

En la figura se observa que los átomos se tocan a lo largo de la arista del cubo en las estructuras CS. Los átomos en las esquinas están centrados en las esquinas del cubo, por lo que $a_0 = 2r$

En una estructura CCCu, los átomos se tocan a lo largo de la diagonal del cuerpo, la cual es de $\sqrt{3}\, a_0$ de longitud. Hay dos radios atómicos del átomo centrado y un radio atómico de cada uno de los átomos en las esquinas en la diagonal del cuerpo, por lo que $a_0 = \dfrac{4r}{\sqrt{3}}$

En una estructura CCCa, los átomos se tocan a lo largo de la diagonal de la cara del cubo, la cual tiene una longitud de $\sqrt{2}\, a_0$. Existen cuatro radios atómicos a lo largo de esta longitud: dos radios del átomo centrado en la cara y un radio en cada esquina, por lo que $a_0 = \dfrac{4r}{\sqrt{2}}$

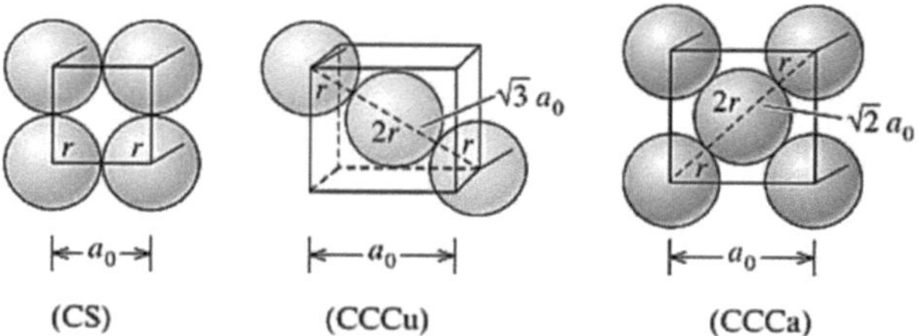

Relaciones entre el radio atómico y el parámetro de red en los sistemas cúbicos (del ejemplo 1.3).

Número de coordinación

El número de coordinación es el número de átomos que tocan un átomo en particular, o el número de los vecinos más cercanos a él. Esta es una indicación del grado de precisión y eficiencia con que están empaquetados los átomos entre sí. En el caso de sólidos iónicos, el número de coordinación de los cationes se define como el número de aniones más cercanos. El número de coordinación de los aniones es el número de cationes más cercanos.

En las estructuras cúbicas que sólo contienen un átomo por punto de red, los átomos tienen un número de coordinación relacionado con la estructura de red. Por inspección de las celdas unitarias de la figura de abajo, se puede observar que cada átomo de la estructura CS tiene un número de coordinación de seis, mientras que cada átomo de la estructura CCCu tiene ocho vecinos más cercanos. Por otro lado, cada átomo de la estructura CCCa tiene un número de coordinación de 12, que es el máximo que se puede alcanzar.

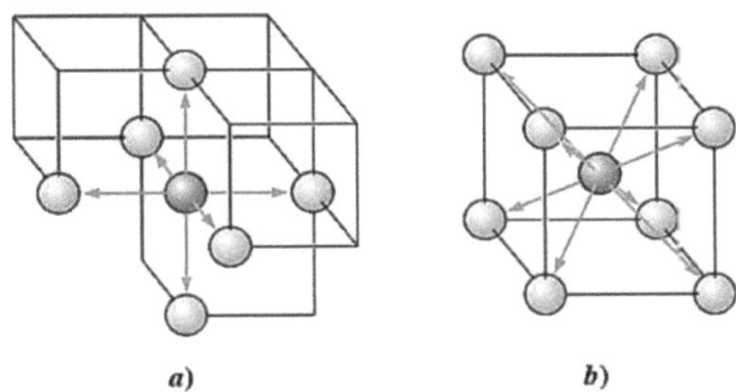

Ilustración del número de coordinación en las celdas unitarias a) CS y b) CCCu. Seis átomos tocan cada átomo en la celda unitaria CS, mientras que ocho átomos tocan cada átomo en la celda unitaria CCCu

Factor de empaquetamiento

El factor de empaquetamiento o fracción de empaquetamiento atómico es la fracción del espacio que ocupan los átomos, suponiendo que son esferas duras. La expresión general del factor de empaquetamiento es:

$$\text{Factor de empaquetamiento} = \frac{(\text{número de átomos/celda})(\text{volumen de cada átomo})}{\text{volumen de la celda unitaria}}$$

Ejemplo 1.4

Calcule el factor de empaquetamiento de la celda unitaria CCCa.

Solución:

En la celda unitaria CCCa hay cuatro puntos de red por celda; si hay un átomo por punto de red, también hay cuatro átomos por celda. El volumen de un átomo es $4\pi r^3/3$

$$\text{Factor de empaquetamiento} = \frac{(4 \text{ átomos/celda})\left(\frac{4}{3}\pi r^3\right)}{a_0^3}$$

y el volumen de la celda unitaria es a_0^3, donde r es el radio del átomo y a_0 es el parámetro de red

Dado que en el caso de las celdas unitarias CCCa,

$$a_0 = \frac{4r}{\sqrt{2}}$$

$$\text{Factor de empaquetamiento} = \frac{(4)\left(\frac{4}{3}\pi r^3\right)}{(4r/\sqrt{2})^3} = \frac{\pi}{\sqrt{18}} \cong 0.74$$

El factor de empaquetamiento de $\pi/\sqrt{18} \cong 1.74$ en la celda unitaria CCCa es el empaquetamiento más eficiente posible. Las celdas CCCu tienen un factor de empaquetamiento de 1.68 y las celdas CS tienen un factor de empaquetamiento de 1.52. Observe que el factor de empaquetamiento es independiente del radio de los átomos, siempre que se suponga que todos los átomos tienen un radio fijo. Lo que esto significa es que no importa si los átomos se empacan en celdas unitarias o en balones de basquetbol o en pelotas de tenis de mesa en una caja cúbica. ¡El factor de empaquetamiento máximo alcanzable es $\pi/\sqrt{18}$. A este concepto de geometría discreta se le conoce como conjetura de Kepler. Johannes Kepler propuso esta conjetura en 1611 y se mantuvo como tal y sin comprobar hasta 1998, cuando Thomas C. Hales demostró que en realidad es verdadera.

Densidad

La densidad teórica de un material puede calcularse utilizando las propiedades de la estructura cristalina. La fórmula general es

$$\text{Densidad } \rho = \frac{(\text{número de átomos/celda})(\text{masa atómica})}{(\text{volumen de la celda unitaria})(\text{constante de Avogadro})}$$

Si un material es iónico y consiste en distintos tipos de átomos o iones, tendrá que modificarse esta fórmula para que refleje estas diferencias.

Ejemplo 1.5

Determine la densidad del hierro CCCu, el cual tienen un parámetro de red de 1.2866 nm.

Solución:

En una celda unitaria de hierro CCCu hay dos átomos

$$\text{Volumen de la celda unitaria} = (2.866 \times 10^{-8} \text{ cm})^3 = 2.354 \times 10^{-23} \text{ cm}^3$$

$$\text{Densidad } \rho = \frac{(\text{número de átomos/celda})(\text{masa atómica})}{(\text{volumen de la celda unitaria})(\text{constante de Avogadro})}$$

$$\rho = \frac{(2 \text{ átomos/celda})(55.847 \text{g/mol})}{(2.354 \times 10^{-23} \text{ cm}^3 \text{ /celda})(6.022 \times 10^{23} \text{ átomos/mol})} = 7.879 \text{ g/cm}^3$$

La densidad medida es de 7.870 g/cm³. La ligera discrepancia entre las densidades teórica y medida es consecuencia de los defectos del material. Como ya se mencionó, el término "defecto" en este contexto se refiere a las imperfecciones con respecto al arreglo atómico.

La tabla siguiente resume las características de las estructuras cristalinas de algunos metales.

Características de las estructuras cristalinas de algunos metales a temperatura ambiente

Estructura	a_0 frente a r	Átomos por celda	Número de coordinación	Factor de empaquetamiento	Ejemplos
Cúbica sencilla (CS)	$a_0 = 2r$	1	6	0.52	Polonio (Po), α-Mo
Cúbica centrada en el cuerpo (CCCu)	$a_0 = 4r/\sqrt{3}$	2	8	0.68	Fe, W, Mo, Nb, Ta, K, Na, V, Cr
Cúbica centrada en la cara (CCCa)	$a_0 = 4r/\sqrt{2}$	4	12	0.74	Cu, Au, Pt, Ag, Pb, Ni
Estructura compacta hexagonal (CH)	$a_0 = 2r$ $c_0 \approx 1.633 a_0$	2	12	0.74	Ti, Mg, Zn, Be, Co, Zr, Cd

1.8 Transformaciones alotrópicas o polimórficas

A los materiales con más de una estructura cristalina se les llama alotrópicos o polimórficos. Por lo general, el término alotropía se reserva para este comportamiento de los elementos puros, mientras que el vocablo polimorfismo se utiliza para designar los compuestos. A los materiales con más de una estructura cristalina se les llama alotrópicos o polimórficos. Por lo general, el término alotropía se reserva para este comportamiento de los elementos puros, mientras que el vocablo polimorfismo se utiliza para designar los compuestos.

1.9 Puntos, direcciones y planos de la celda unitaria

Coordenadas de los puntos.

Se pueden localizar ciertos puntos, como las posiciones de los átomos, en la red o celda unitaria mediante la construcción del sistema coordenado ortonormal que se presenta en la figura de abajo. La distancia se mide en términos del número de parámetros de red que deben moverse en cada una de las coordenadas x, y y z para obtenerla del origen al punto en cuestión. Las coordenadas se escriben como las tres distancias, con comas que separan los números.

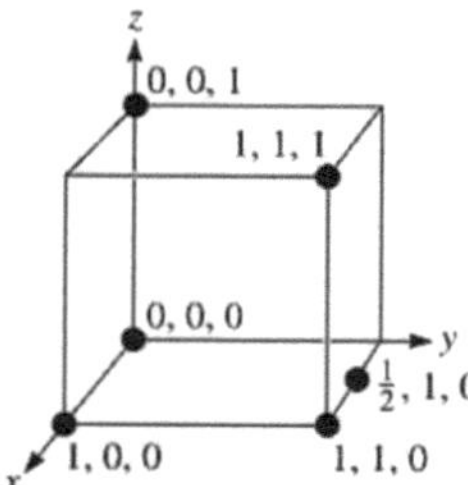

Coordenadas de los puntos seleccionados en la celda unitaria. El número se refiere a la distancia del origen en términos de los parámetros de red.

Direcciones en la celda unitaria.

Ciertas direcciones en la celda unitaria son de particular importancia. Los índices de Miller de las direcciones son la notación abreviada que se utiliza para describirlas. A continuación, se explica el procedimiento para encontrar los índices de direcciones de Miller:

1. Mediante un sistema coordenado ortonormal, determine las coordenadas de dos puntos que se encuentran en la dirección.
2. Reste las coordenadas del punto de la "cola" de las coordenadas del punto de la "cabeza" para obtener el número de parámetros de red recorridos en la dirección de cada eje del sistema coordenado.
3. Elimine las fracciones y/o reduzca los resultados obtenidos de la resta a los enteros más bajos.
4. Encierre los números entre corchetes [ ]. Si se produce un signo negativo, represéntelo con una barra sobre él.

Ejemplo 1.6

Determine los índices de Miller de las direcciones A, B y C de la figura siguiente.

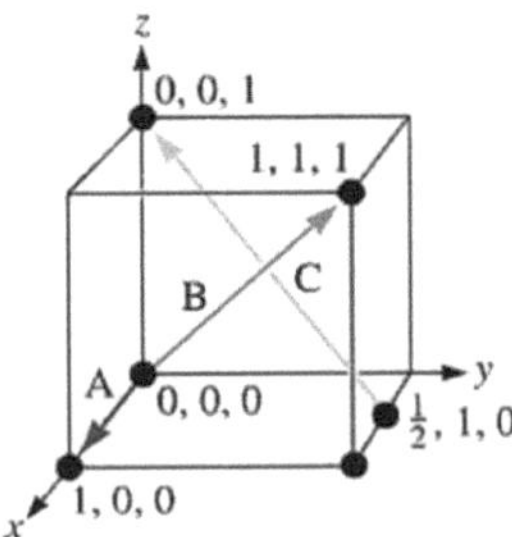

Solución:

Dirección _A_

1. Dos puntos son 1, 0, 0 y 0, 0, 0
2. 1, 0, 0 − 0, 0, 0 = 1, 0, 0
3. No hay que eliminar fracciones o reducir enteros
4. [100]

Dirección _B_

1. Dos puntos son 1, 1, 1 y 0, 0, 0
2. 1, 1, 1 − 0, 0, 0 = 1, 1, 1
3. No hay que eliminar fracciones o reducir enteros
4. [111]

Dirección _C_

1. Dos puntos son 0, 0, 1 y $\frac{1}{2}$, 1, 0
2. $0, 0, 1 - \frac{1}{2}, 1, 0 = -\frac{1}{2}, -1, 1$
3. $2(-\frac{1}{2}, -1, 1) = -1, -2, 2$
4. $[\bar{1}\,\bar{2}\,2]$

Deben observarse varios aspectos acerca del uso de los índices de las direcciones de Miller:

1. Debido a que las direcciones son vectores, una dirección y su negativo no son idénticos; [100] no es igual a $[\bar{1}00]$. Representan la misma línea, pero en direcciones opuestas.
2. Una dirección y su múltiplo son idénticos; [100] es la misma dirección que [200].

3. Ciertos grupos de direcciones son equivalentes; tienen sus índices particulares debido a la forma en que se construyen las coordenadas. Por ejemplo, en un sistema cúbico, una dirección [100] es una dirección [010] si se redefine el sistema coordenado, como se muestra en la figura de abajo. Puede referirse a los grupos de direcciones equivalentes como ***direcciones de una forma o familia***. Se utilizan corchetes especiales ⟨⟩ para indicar esta colección de direcciones. En la tabla siguiente se presentan todas las direcciones de la forma ⟨110⟩. Se espera que un material tenga las mismas propiedades en cada una de estas 12 direcciones de la forma ⟨110⟩.

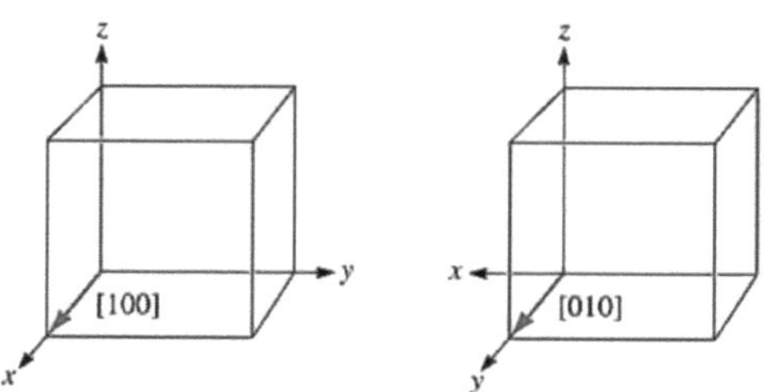

Equivalencia de las direcciones cristalográficas de una forma en los sistemas cúbicos.

Direcciones de la forma ⟨110⟩ en los sistemas cúbicos

$$\langle 110 \rangle = \begin{cases} [110]\ [\bar{1}\bar{1}0] \\ [101]\ [\bar{1}0\bar{1}] \\ [011]\ [0\bar{1}\bar{1}] \\ [1\bar{1}0]\ [\bar{1}10] \\ [10\bar{1}]\ [\bar{1}01] \\ [01\bar{1}]\ [0\bar{1}1] \end{cases}$$

Importancia de las direcciones cristalográficas.

Las direcciones cristalográficas se utilizan para indicar una orientación particular de un monocristal o de un material policristalino orientado. El conocimiento de cómo describirlas puede ser útil en muchas aplicaciones.

Por ejemplo, los metales se deforman con mayor facilidad en las direcciones a lo largo de las cuales los átomos están en mayor contacto. Otro ejemplo real es la dependencia de las direcciones cristalográficas de las propiedades magnéticas del hierro y otros materiales magnéticos. Es mucho más sencillo magnetizar el hierro en la dirección [100] que en las direcciones [111] o [110]. Por esta razón los granos de los aceros de Fe-Si que se utilizan en aplicaciones magnéticas (por ejemplo, núcleos de transformadores) están orientados en las direcciones [100] o equivalentes.

Distancia repetitiva, densidad lineal y fracción de empaquetamiento.

Otra manera de caracterizar las direcciones es por medio de la *distancia repetitiva* o la distancia entre los puntos de red a lo largo de la dirección. Por ejemplo, se puede examinar la dirección [110] en una celda unitaria CCCa (figura siguiente); si se comenzara en la localización 0, 0, 0, el siguiente punto de red estaría en el centro de una cara o un sitio 1/2, 1/2, 1. Por lo tanto, la distancia entre los puntos de red es un medio de la diagonal de la cara, $\frac{1}{2}\sqrt{2}\,a_0$. En el caso del cobre, que tiene un parámetro de red de 1.3615 nm, la distancia repetitiva es de 1.2556 nm.

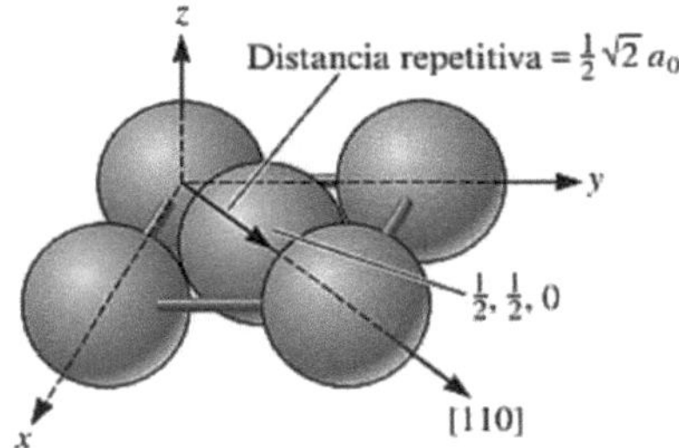

Determinación de la distancia repetitiva, la densidad lineal y la fracción de empaquetamiento de una dirección [110] en el caso del cobre CCCa.

La *densidad lineal* es el número de puntos de red por unidad de longitud a lo largo de la dirección. El cobre tiene dos distancias repetitivas a lo largo de la dirección [110] en cada celda unitaria; dado que esta distancia es $\sqrt{2}\,a_0 = 1.5112\ nm$, entonces:

$$\text{Densidad lineal} = \frac{2\ \text{distancias repetitivas}}{0.5112\ \text{nm}} = 3.91\ \text{puntos de red/nm}$$

Observe que la densidad lineal también es el recíproco de la distancia repetitiva.

Por último, se puede calcular la *fracción de empaquetamiento* de una dirección específica o la fracción cubierta en realidad por los átomos. En el caso del cobre, en el que se localiza un átomo en cada punto de red, esta fracción es igual al producto de la densidad lineal y el doble del radio atómico. En la dirección [110] en el cobre CCCa, el radio atómico es $r = \sqrt{2}\,a_0/4 = 1.1278\,nm$.0 Por lo tanto, la fracción de empaquetamiento es:

$$\text{Fracción de empaquetamiento} = (\text{densidad lineal})(2r)$$
$$= (3.91)(2)(0.1278)$$
$$= (1.0)$$

Un valor de 1 es consistente con la dirección [110], dado que esta es compacta en los metales CCCa.

Planos en la celda unitaria.

Ciertos planos de átomos en un cristal también tienen gran importancia. Por ejemplo, los metales se deforman a lo largo de los planos de los átomos en los que están lo más compactamente posible. La energía superficial de las distintas caras de un cristal depende de los planos cristalográficos particulares, característica que adquiere gran importancia en el crecimiento de los cristales. Cuando películas delgadas de ciertos materiales electrónicos (por ejemplo, el Si o el GaAs) crecen, se necesita asegurar que el sustrato esté orientado de tal manera que la película pueda crecer sobre un plano cristalográfico específico.

Se utilizan índices de Miller como notación abreviada para identificar estos planos importantes, como se describe en el siguiente procedimiento.

1. Identifique los puntos en los que el plano interseca las coordenadas x, y y z en términos del número de parámetros de red. Si el plano pasa a través del origen, debe moverse el origen del sistema coordenado al de una celda unitaria adyacente.
2. Tome los recíprocos de estas intersecciones.
3. Elimine fracciones, pero no reduzca a los enteros más bajos.
4. Encierre entre paréntesis () los números resultantes. De nuevo, debe escribir los números negativos con una barra sobre ellos.

El siguiente ejemplo muestra cómo pueden obtenerse los índices de Miller de los planos.

Ejemplo 1.7

Determine los índices de los planos de Miller A, B y C en la figura siguiente.

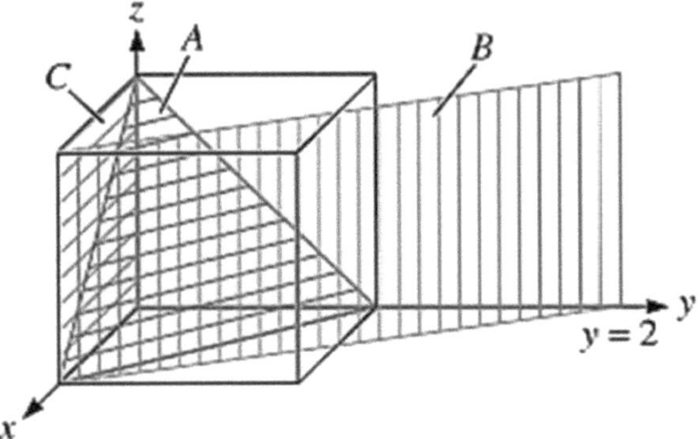

Solución:

Plano *A*

1. $x = 1, y = 1, z = 1$
2. Tome los recíprocos: 1, 1, 1
3. No hay que eliminar fracciones
4. (111)

Plano *B*

1. El plano nunca interseca el eje z, por lo que $x = 1, y = 2$ y $z = \infty$
2. Tome los recíprocos: 1, ½, 0
3. Elimine las fracciones: 2,1,0
4. (210)

Plano *C*

1. Se debe mover el origen, dado que el plano pasa a través de (0, 0, 0). Se mueve el origen un parámetro de red en la dirección y. Entonces, $x = \infty, y = -1$ y $z = \infty$.
2. Tome los recíprocos 0, -1, 0
3. No hay que eliminar fracciones
4. $(0\bar{1}0)$

Deben observarse varios aspectos importantes de los índices de los planos de Miller:

1. Los planos y sus negativos son idénticos (lo cual no sucede en el caso de las direcciones), debido a que son paralelos. Por lo tanto, $(0\ 2\ 0) = (0\ \bar{2}\ 0)$

2. Los planos y sus múltiplos no son idénticos (de nuevo, esto es lo opuesto de lo que se encontró en el caso de las direcciones). Se puede demostrar esta desigualdad mediante la definición de las densidades planares y las fracciones de empaquetamiento planares. La densidad planar es el número de átomos por unidad de área con centros que se encuentran en el plano; la fracción de empaquetamiento es la fracción del área de ese plano cubierta por esos átomos. En el ejemplo siguiente se muestra cómo pueden calcularse estas.

3. En cada celda unitaria los planos de una forma o familia representan los grupos de planos equivalentes que tienen sus índices particulares, debido a la orientación de las coordenadas. Se representan estos grupos de planos similares con la notación { }. En la tabla siguiente se muestran los planos de una forma {110} en los sistemas cúbicos.

4. En los sistemas cúbicos una dirección que tiene los mismos índices que un plano es perpendicular a ese plano.

Planos de la forma {110} en los sistemas cúbicos

$$\{110\} = \begin{cases} (110) \\ (101) \\ (011) \\ (1\bar{1}0) \\ (10\bar{1}) \\ (01\bar{1}) \end{cases}$$

Nota: Los negativos de los planos no son planos únicos.

Ejemplo 1.8

Calcule la densidad planar y la fracción de empaquetamiento planar de los planos (010) y (020) del polonio cúbico sencillo, cuyo parámetro de red es de 1.334 nm.

Solución:

En la figura están trazados los dos planos. En el plano (010), los átomos están centrados en cada esquina de la cara del cubo, en realidad con 1/4 de cada átomo en la cara de la celda unitaria.

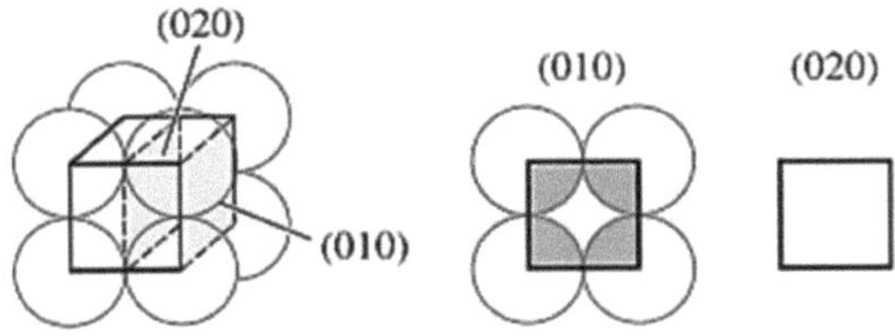

Las densidades planares de los planos (010) y (020) de las celdas unitarias CS no son idénticas

Por lo tanto, los átomos totales en cada cara es uno. La densidad planar es:

$$\text{Densidad planar (010)} = \frac{\text{átomos por cara}}{\text{área de la cara}} = \frac{1 \text{ átomo por cara}}{(0.334 \text{ nm})^2}$$

$$= 8.96 \text{ átomos/nm}^2 = 8.96 \times 10^{14} \text{ átomos/cm}^2$$

La fracción de empaquetamiento planar está dada por:

$$\text{Fracción de empaquetamiento (010)} = \frac{\text{área de los átomos por cara}}{\text{área de la cara}} = \frac{(1 \text{ átomo})(\pi r^2)}{(a_0)^2}$$

$$= \frac{\pi r^2}{(2r)^2} = 0.79$$

Ningún átomo está centrado en los planos (020). Por lo tanto, la densidad planar y la fracción de empaquetamiento planar son cero. ¡Los planos (010) y (020) no son equivalentes!

Construcción de direcciones y planos

Para construir una dirección o un plano en la celda unitaria, simplemente se trabaja hacia atrás. El ejemplo siguiente muestra cómo podría hacerse esta tarea.

Ejemplo 1.9

Dibuje a) la dirección $[1\,\bar{2}1]$ y b) el plano $(\bar{2}10)$ en una celda unitaria cúbica.

Solución:

a) Debido a que se sabe que es necesario moverse en la dirección y negativa, el origen se localiza en (0, +1, 0). La "cola" de la dirección se debe ubicar en este nuevo origen. Puede determinarse un segundo punto en la dirección moviéndose +1 en la dirección x, -2 en la dirección y, y +1 en la dirección z, figura (a).

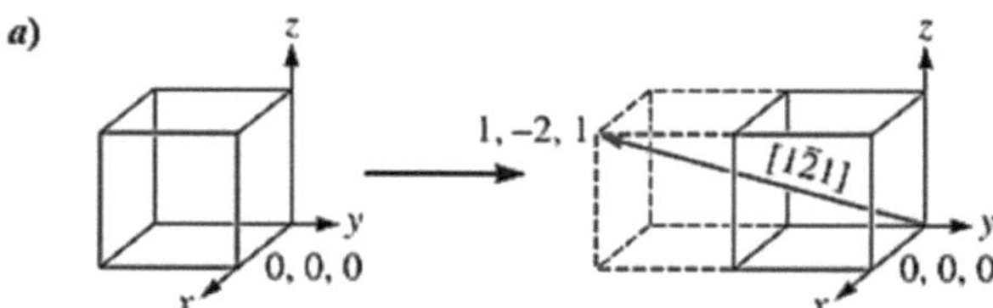

b) Para dibujar el plano ($\bar{2}$10), primero tome los recíprocos de los índices para obtener las intersecciones, es decir

$$x = \frac{1}{-2} = -\frac{1}{2};\ y = \frac{1}{1} = 1;\ z = \frac{1}{0} = \infty$$

Dado que la intersección en x es una dirección negativa y se desea dibujar el plano dentro de la celda unitaria, se mueve el origen +1 en la dirección x a (1, 0, 0). Después se puede localizar la intersección en x en -1/2 y la intersección en y en +1. El plano será paralelo al eje z, figura (b).

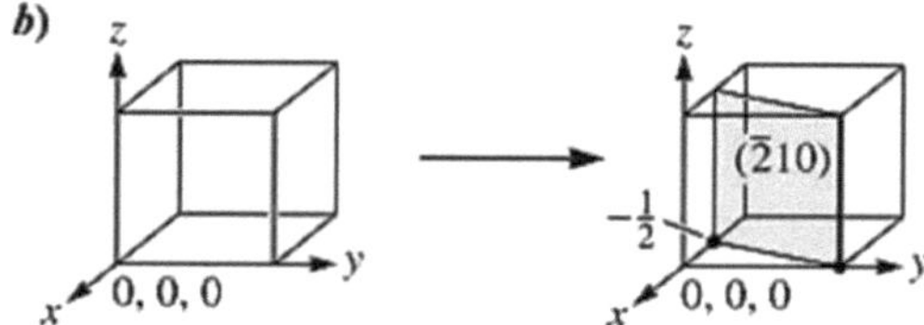

Índices de celdas unitarias hexagonales de Miller

Se ha diseñado un conjunto especial de índices de Miller-Bravais para las celdas unitarias hexagonales debido a la simetría única del sistema (figura siguiente). El sistema coordenado utiliza cuatro ejes en lugar de tres, con el eje a_3 redundante. Los ejes a_1, a_2 y a_3 se encuentran en un plano que es perpendicular al cuarto eje. El procedimiento para encontrar los índices de los planos es exactamente el mismo que antes, pero se requieren cuatro intersecciones, lo que da índices de la forma (*hkil*). Debido a la redundancia del eje a_3 y a la geometría especial del sistema, los primeros tres enteros designados, que corresponden a las intersecciones a_1, a_2 y a_3, están relacionados por h + k = -i.

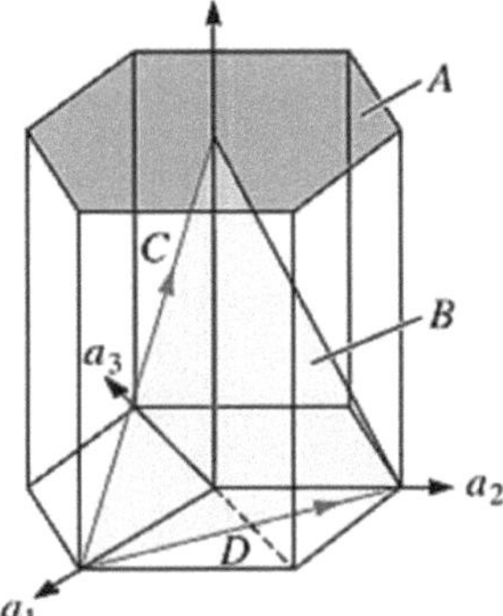

Los índices de Miller-Bravais de los planos cristalográficos en las celdas unitarias CH se obtienen utilizando un sistema coordenado con cuatro ejes. Los planos etiquetados A y B y las direcciones etiquetadas C y D son las que se explican en el ejemplo siguiente.

Las direcciones en las celdas CH se denotan con el sistema de tres o cuatro ejes. Con el sistema de tres ejes el procedimiento es el mismo que en el caso de los índices de Miller convencionales; en el ejemplo siguiente se muestran ejemplos de este procedimiento. Sin embargo, en el caso del sistema con cuatro ejes es necesario utilizar un procedimiento más complicado, por medio del cual la dirección se descompone en cuatro vectores. Se determina el número de parámetros de red que deben moverse en cada dirección para ir de la "cola" a la "cabeza" de la dirección, mientras se sigue asegurando por consistencia que $h + k = -i$. Este caso se ilustra en la figura siguiente, que muestra que la dirección [010] es la misma que la dirección [$\bar{1}$ 2 $\bar{1}$ 0].

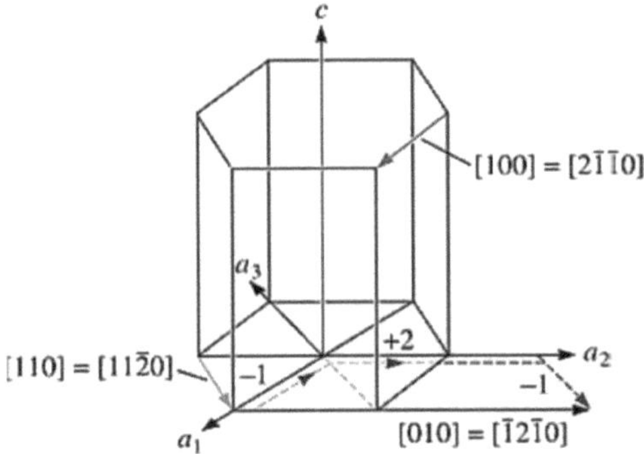

Direcciones comunes en la celda unitaria CH, utilizando sistemas con tres y cuatro ejes. Las líneas punteadas muestran que la dirección [$\bar{1}$ 2 $\bar{1}$ 0] es equivalente a la dirección [010].

Ejemplo 1.10

Determine los índices de Miller-Bravais de los planos A y B y las direcciones C y D de la figura siguiente.

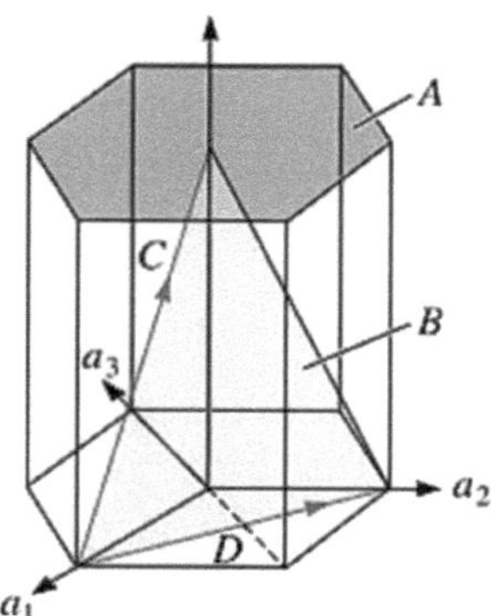

Solución:

Plano _A_

1. $a_1 = a_2 = a_3 = \infty, c = 1$
2. Tome los recíprocos: 0, 0, 0, 1
3. No hay que eliminar fracciones.
4. (0001)

Plano _B_

1. $a_1 = 1, a_2 = 1, a_3 = -\frac{1}{2}, c = 1$
2. Tome los recíprocos: 1, 1, −2, 1
3. No hay que eliminar fracciones
4. [11$\bar{2}$1]

Dirección _C_

1. Dos puntos son 0, 0, 1 y 1, 0, 0
2. 0, 0, 1 − 1, 0, 0 = −1, 0, 1
3. No hay que eliminar fracciones o reducir enteros
4. [$\bar{1}$01] o [$\bar{2}$113]

Dirección _D_

1. Dos puntos son 0, 1, 0 y 1, 0, 0
2. 0, 1, 0 − 1, 0, 0 = −1, 1, 0
3. No hay que eliminar fracciones o reducir enteros
4. [$\bar{1}$10] o [$\bar{1}$100]

También se puede convertir la notación con tres ejes en la notación con cuatro ejes de las direcciones por medio de las siguientes relaciones, donde h', k' y l' son los índices del sistema con tres ejes:

$$
\left.
\begin{aligned}
h &= \frac{1}{3}(2h' - k') \\
k &= \frac{1}{3}(2k' - h') \\
i &= -\frac{1}{3}(h' + k') \\
l &= l'
\end{aligned}
\right\}
$$

Después de la conversión, los valores de h, k, i y l pueden requerir eliminar las fracciones o reducir los enteros más bajos.

Planos y direcciones compactos

Cuando se examina la relación entre el radio atómico y el parámetro de red, se buscan las direcciones compactas, donde los átomos están en contacto continuo. Ahora se pueden asignar índices de Miller a estas direcciones compactas, como se muestra en la tabla siguiente.

Planos y direcciones compactos

Estructura	Direcciones	Planos
CS	⟨100⟩	Ninguno
CCCu	⟨111⟩	Ninguno
CCCa	⟨110⟩	{111}
CH*	[100], [010], [110]	(001), (002)

En la notación de cuatro ejes, las direcciones y planos compactos son ⟨11$\bar{2}$0⟩ y (0001).

Comportamiento isotrópico y anisotrópico

Debido a las diferencias entre los arreglos atómicos en los planos y direcciones dentro de un cristal, algunas propiedades también varían junto con la dirección. Un material es cristalográficamente anisotrópico si sus propiedades dependen de la dirección cristalográfica a lo largo de la cual se mide la propiedad. Por ejemplo, el módulo de elasticidad del aluminio es de 75.9 GPa (11 x 10^6 psi) en las direcciones ⟨111⟩, pero de sólo 63.4 GPa (9.2 x 10^6 psi) en las direcciones ⟨100⟩. Si las propiedades son idénticas en todas las direcciones, el material es cristalográficamente isotrópico. Observe que un material como el aluminio, el cual es cristalográficamente anisotrópico, puede comportarse como un material isotrópico si está en una forma policristalina. Esto se debe a que las orientaciones al azar de los distintos cristales de un material policristalino cancelarán en su mayoría cualquier efecto de la anisotropía como resultado de la estructura cristalina. En general, la mayoría de los materiales policristalinos exhibirán propiedades isotrópicas. Los materiales monocristalinos, en los cuales varios granos están orientados a lo largo de ciertas direcciones (obtenidas de manera natural o deliberada por medio del procesamiento), por lo general tendrán propiedades mecánicas, ópticas, magnéticas y dieléctricas anisotrópicas.

Espaciado interplanar

A la distancia entre dos planos paralelos adyacentes de átomos con los mismos índices de Miller se le llama espaciado interplanar (d_{hkl}). El espaciado interplanar en materiales cúbicos está dado por la ecuación general

$$d_{hkl} = \frac{a_0}{\sqrt{h^2 + k^2 + l^2}}$$

donde a_0 es el parámetro de red y h, k y l representan los índices de Miller de los planos adyacentes que se están considerando. Los espaciados interplanares de los materiales no cúbicos están dados por expresiones más complejas.

1.10 Sitios intersticiales

En todas las estructuras cristalinas existen pequeños orificios entre los átomos en los que pueden colocarse átomos más pequeños. A estas localizaciones se les llama sitios intersticiales.

Un átomo, cuando se coloca dentro de un sitio intersticial, toca dos o más átomos de la red. Este átomo intersticial tiene un número de coordinación igual al número de átomos que toca. La figura siguiente muestra las localizaciones intersticiales en las estructuras CS, CCCu y CCCa.

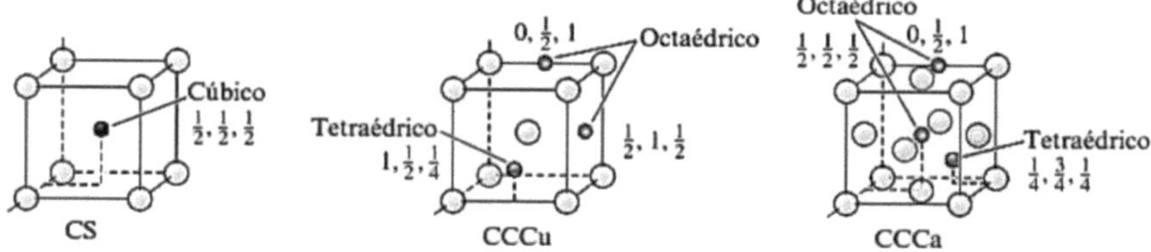

Localización de los sitios intersticiales en las celdas unitarias cúbicas. Sólo se muestran los sitios representativos.

Ejemplo 1.11

Demuestre que el número de sitios octaédricos que pertenecen de manera única a una celda unitaria CCCa es cuatro.

Solución:

Los sitios octaédricos incluyen las 12 aristas de la celda unitaria, con las coordenadas

$$\tfrac{1}{2},0,0 \quad \tfrac{1}{2},1,0 \quad \tfrac{1}{2},0,1 \quad \tfrac{1}{2},1,1$$

$$0,\tfrac{1}{2},0 \quad 1,\tfrac{1}{2},0 \quad 1,\tfrac{1}{2},1 \quad 0,\tfrac{1}{2},1$$

$$0,0,\tfrac{1}{2} \quad 1,0,\tfrac{1}{2} \quad 1,1,\tfrac{1}{2} \quad 0,1,\tfrac{1}{2}$$

más la posición central (1/2, 1/2, 1/2). Cada uno de los sitios de la arista de la celda unitaria compartido entre cuatros celdas unitarias, por lo que sólo 1/4 de cada sitio pertenece de manera única a cada celda unitaria. Por lo tanto, el número de sitios que pertenecen de manera única a cada celda es

$$\frac{12 \text{ aristas}}{\text{celda}} \cdot \frac{1/4 \text{ sitio}}{\text{arista}} + \frac{1 \text{ centrado en el cuerpo}}{\text{celda}} \cdot \frac{1 \text{ sitio}}{\text{centrada en el cuerpo}} = 4 \text{ sitios octaédricos/celda}$$

El *sitio cúbico*, cuyo número de coordinación es ocho, ocurre en la estructura CS en la posición centrada en el cuerpo. Los *sitios octaédricos* dan un número de coordinación de seis (no ocho). Se les conoce como sitios octaédricos porque los átomos que tienen contacto con el átomo intersticial forman un octaedro. Los *sitios tetraédricos* dan un número de coordinación de cuatro. Como ejemplo, los sitios octaédricos de las celdas unitarias CCCu se localizan en los centros de las caras y de las aristas del cubo; un átomo pequeño colocado en el sitio octaédrico toca los cuatro átomos de las esquinas de la cara, el átomo del centro de la celda unitaria, más otro átomo en el centro de la celda unitaria adyacente, lo que da un número de coordinación de seis. En las celdas unitarias CCCa, los sitios octaédricos se encuentran en el centro de cada arista del cubo, al igual que en el centro del cuerpo de la celda unitaria.

Si se cuenta de la misma manera en que los átomos se cuentan en una celda unitaria, hay seis sitios octaédricos de la estructura CCCu y cuatro sitios octaédricos en la estructura CCCa por celda unitaria. Hay doce sitios tetraédricos en la estructura CCCu y ocho sitios tetraédricos en la estructura de CCCa por celda unitaria.

Los átomos o iones intersticiales, cuyos radios son ligeramente mayores que el radio del sitio intersticial, pueden entrar en ese sitio, lo cual separa ligeramente los átomos circundantes. A los átomos cuyos radios son menores que el radio del orificio no se les permite entrar en el sitio intersticial debido a que el ion "traquetearía" alrededor del sitio. Si el átomo intersticial se agranda demasiado, prefiere entrar a un sitio que tenga un número de coordinación mayor (tabla siguiente). Por lo tanto, un átomo con una razón de radios de entre 1.225 y 1.414 entra a un sitio tetraédrico; si su radio es un poco mayor de 1.414, entra en un sitio octaédrico.

Número de coordinación y razón de los radios. Los átomos/iones están dibujados incompletos con propósitos de claridad.

Número de coordinación	Localización del intersticial	Razón de los radios	Representación
2	Lineal	0–0.155	
3	Centro del triángulo	0.155–0.225	
4	Centro del tetraedro	0.225–0.414	
6	Centro del octaedro	0.414–0.732	
8	Centro del cubo	0.732–1.000	

Capítulo II
Configuraciones Estructurales

Introducción

El mayor objetivo de la Ciencia de los Materiales es alentar a los científicos e ingenieros para tomar elecciones informadas respecto del diseño, selección y uso de materiales para aplicaciones específicas.

El científico o el ingeniero de materiales debe:

- Comprender las propiedades asociadas con las diversas clases de materiales.
- Saber por qué existen tales propiedades y cómo se pueden alterar para que un material sea más adecuado para una aplicación determinada.
- Ser capaz de medir las propiedades importantes de los materiales y cómo impactarán el desempeño.
- Evaluar las consideraciones económicas que finalmente regulan la mayoría de los asuntos de los materiales.
- Considerar los efectos a largo plazo que producen en el ambiente el uso de un material.

Los científicos e ingenieros en materiales han desarrollado un conjunto de instrumentos para caracterizar la *estructura* de los materiales según varias escalas de longitud, a la cual es posible examinar y describir en cinco niveles distintos:

1. estructura atómica
2. arreglos atómicos de corto y largo alcance
3. nanoestructura
4. microestructura
5. macroestructura

Las características de la estructura en cada uno de estos niveles pueden tener influencias distintivas y profundas sobre las propiedades y el comportamiento de un material.

El objetivo inicial es repasar el estudio la *estructura atómica* (el núcleo que consiste en protones y neutrones y los electrones que rodean el núcleo). Se estudiará que la estructura de los átomos afecta los tipos de enlaces que mantienen unidos los materiales entre sí. A su vez, estos distintos tipos de enlaces afectan la idoneidad de los materiales para las aplicaciones de ingeniería en el mundo real. Por lo general, el ***diámetro de los átomos se mide utilizando la unidad angstrom (Å o 10^{-10} m).***

También es importante comprender las causas por las cuales la estructura atómica y el enlace conducen a distintos arreglos atómicos o iónicos de los materiales. El análisis minucioso del arreglo atómico permite distinguir entre ***materiales amorfos*** (aquellos que carecen de un ordenamiento de largo alcance de átomos o iones) o ***cristalinos*** (aquellos que exhiben arreglos periódicos de átomos o iones). Los materiales amorfos sólo tienen arreglos atómicos de corto alcance, mientras que los cristalinos tienen arreglos de corto y ***largo alcance.*** En los arreglos atómicos de ***corto alcance,*** los átomos o iones sólo muestran un orden particular en ***distancias relativamente cortas (de 1 a 10 Å).*** En el caso de los materiales cristalinos, el ***orden atómico de largo alcance*** asume la forma de átomos o iones arreglados en un patrón tridimensional que se repite sobre distancias mucho ***mayores (de ~ 10 nm a 1 cm).***

La ciencia e ingeniería de materiales está a la vanguardia de la ***nanociencia*** y la ***nanotecnología***. La nanociencia es el estudio de los materiales a una escala de longitud nanométrica, mientras que la nanotecnología implica la manipulación y el desarrollo de dispositivos a esa misma escala de longitud. La ***nanoestructura*** es la estructura de un material a una ***escala de longitud de 1 a 100 nm.*** El interés por el tema del control de la nanoestructura se ha incrementado de manera importante debido a las aplicaciones de ingeniería con materiales avanzados.

La ***microestructura*** es la estructura de los materiales a una ***escala de longitud de 100 a 100,000 nm o 0.1 a 100 micrómetros*** (con frecuencia escritos como µm y pronunciados como "micrones"). Por lo general, la microestructura se refiere a características como el tamaño del grano de un material cristalino y otras relacionadas con los defectos en los materiales (Un grano es un monocristal de un material compuesto por muchos cristales).

La ***macroestructura*** es la estructura de un material a nivel macroscópico donde la ***escala de longitud es*** $> 100\,µm$. Las características que determinan la macroestructura incluyen la porosidad, los recubrimientos de la superficie y las microfisuras internas y externas.

En el mundo de hoy, la tecnología de información (TI), la biotecnología, la tecnología energética, la tecnología ambiental y otras áreas requieren dispositivos más pequeños, ligeros, rápidos, portátiles, eficientes, confiables, duraderos y económicos. Se desean baterías que sean más pequeñas, ligeras y de mayor duración. Se requieren automóviles relativamente accesibles, ligeros, seguros, con alto rendimiento de combustible y "llenos" de varias características avanzadas, que van desde sistemas de posicionamiento global (GPS) hasta sofisticados sensores para la activación de bolsas de aire.

Algunas de estas necesidades han generado un interés considerable en la nanotecnología y en los *sistemas microelectromecánicos* (SMEM). Como ejemplo real de la tecnología de los SMEM, considere un sensor de un acelerómetro pequeño que se obtiene por medio del micromaquinado del silicio (Si). Este sensor se usa para medir la aceleración de los automóviles. La información es procesada por una computadora central y después se utiliza para controlar la activación de las bolsas de aire. Las propiedades y el comportamiento de los materiales a estos niveles "micro" pueden variar en gran medida cuando se comparan con aquellos en su estado "macro" o voluminoso. Como resultado, comprender la nanoestructura y la microestructura son áreas que han recibido una atención considerable.

Las aplicaciones que se muestran en las figuras ilustran cuán importante son para el comportamiento de los materiales los cinco distintos niveles de la estructura.

1. Estructura atómica *(Å o 10^{-10} m)*: El diamante está basado en enlaces covalentes de carbono-carbono. Se espera que los materiales con este tipo de enlazamiento sean relativamente duros. Se utilizan películas delgadas de diamantes para proporcionar un filo resistente al desgaste en las herramientas de corte.

Herramientas de corte recubiertas con diamante. (*Cortesía de NCD Technologies*)

2. Arreglos atómicos de largo alcance *(de ~ 10 nm a 1 cm)*: Cuando los iones del titanato de zirconio de plomo (PZT) se acomodan de tal manera que exhiben estructuras cristalinas tetragonales y/o romboédricas (Unidad II), el material es piezoeléctrico (es decir, desarrolla un voltaje cuando se somete a una presión o a un esfuerzo). Las cerámicas PZT se utilizan ampliamente en varias aplicaciones, entre ellas, encendedores de gas, generación de ultrasonidos y control de vibración.

Encendedores de gas piezoeléctricos basados en PZT. Cuando se somete a un esfuerzo el material piezoeléctrico (aplicando una presión), se desarrolla un voltaje y se crea una chispa entre los electrodos. (*Cortesía de Morgan Electro Ceramics, Ltd. RU*)

En los Arreglos atómicos de corto alcance *(de 1 a 10 Å)*: Los iones en vidrios basados en sílice (SiO_2) sólo exhiben un orden de corto alcance en el que los iones Si^{4+} y O^{2-} están acomodados de una manera particular (cada Si^{4+} enlazado con 4 iones O^{2-} en una coordinación tetraédrica, es decir, cada ion es compartido por dos tetraedros). Sin embargo, este orden no se mantiene en distancias largas, por lo que le otorga carácter de amorfos a estos tipos de vidrios. Los vidrios amorfos construidos en sílice y otros óxidos forman la base de toda la industria de comunicaciones por fibra óptica.

Fibras ópticas basadas en una forma de la sílice que es amorfa. (Nick Rowel Photodisc Green/GettyImages)

3. Nanoestructura *(~10^{-9} a 10^{-7}m, 1 a 100 nm)*: Las partículas de nanotamaño ($\sim 5 - 10nm$) de óxido de hierro se utilizan en ferrofluidos o imanes líquidos. Una aplicación de estos imanes líquidos es como medio de refrigeración (transferencia de calor) para altavoces.

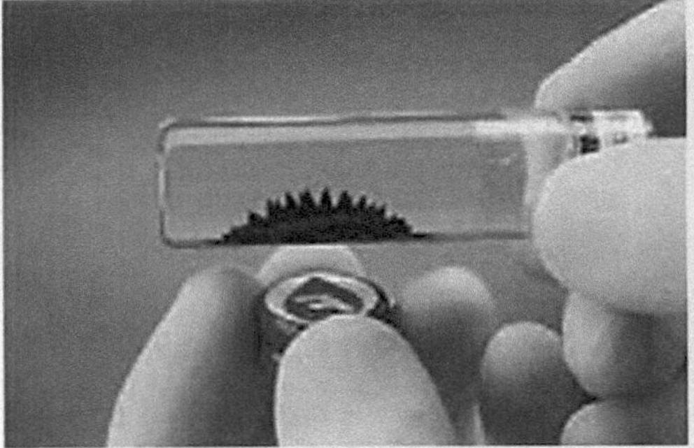

Ferrofluido. (Cortesía de Ferro Tec USA Corporation)

4. Microestructura *($\sim > 10^{-7}$ a 10^{-4} m, 0.1 a 100 µm)*: En gran medida, la resistencia mecánica de muchos metales y aleaciones depende del tamaño del grano. Los granos y los límites de los granos en esta micrografía acompañante del acero son parte de las características microestructurales de este material cristalino. En general, a temperatura ambiente un tamaño de grano más fino genera una resistencia

mayor. Muchas propiedades importantes de los materiales son sensibles a la microestructura.

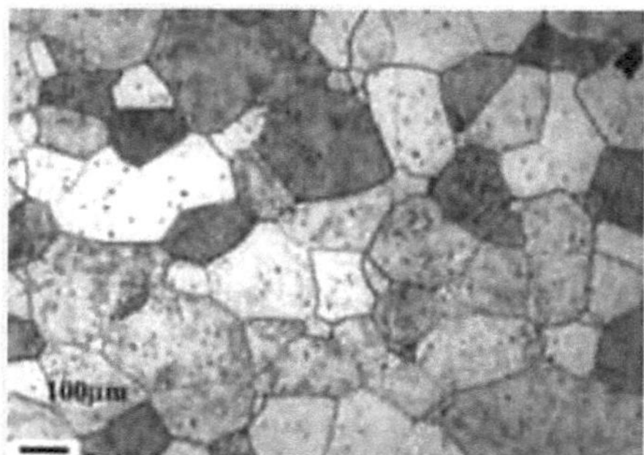

Micrografía del acero inoxidable que muestra los granos y los límites de los granos. (Micrografía cortesía de los doctores A. J. Deardo, M. Hua y J. García)

5. Macroestructura *($\sim > 10^{-4}$ m, $> 10\ 000$ nm o $100\ \mu m$)*: Los recubrimientos relativamente gruesos, como las pinturas de los automóviles y otras aplicaciones, no sólo se utilizan por estética, sino que también proporcionan resistencia a la corrosión.

Diversos recubrimientos orgánicos e inorgánicos protegen contra la corrosión a los automóviles y proporcionan una apariencia agradable. (*George Dolgikhl/ Shutterstock.com*)

2.1 Imperfecciones cristalinas

El arreglo de los átomos o iones en los materiales de ingeniería contiene *imperfecciones o defectos*. Con frecuencia, estos defectos tienen un efecto profundo sobre las propiedades de los materiales. En esta sección se introducen los tres tipos básicos de imperfecciones: defectos puntuales, defectos lineales (o dislocaciones) y defectos superficiales.

Estas imperfecciones solo representan defectos o desviaciones de los arreglos atómicos o iónicos perfectos o ideales que se esperan en una estructura cristalina. *Al material no se le considera defectuoso desde un punto de vista tecnológico*. En muchas aplicaciones, la presencia de tales defectos es en realidad útil. Con frecuencia se pueden crear "defectos" de manera intencional para producir un conjunto deseado de propiedades electrónicas, magnéticas, ópticas o mecánicas. Por ejemplo, el hierro puro es relativamente blando, aunque cuando se le adiciona una pequeña cantidad de carbono, se crean defectos en su arreglo cristalino y el hierro se transforma en un acero al carbono simple que presenta una resistencia considerablemente alta. De manera similar, un cristal de alúmina pura es transparente e incoloro, pero cuando se le adiciona una pequeña cantidad de cromo se crea un defecto especial, que genera un hermoso cristal de rubí rojo. Sin embargo, el efecto de los defectos puntuales no siempre es deseable. Cuando se desea usar el cobre como conductor en microelectrónica, se usa el de mayor pureza disponible. ¡Esto se debe a que incluso niveles pequeños de impurezas provocarán un incremento de órdenes de magnitud en la resistividad eléctrica de ese elemento!

2.2.1 Defectos puntuales

Los *defectos puntuales* son perturbaciones localizadas en los arreglos iónicos o atómicos de una estructura cristalina que de otra manera sería perfecta. A pesar de que se les llama defectos puntuales, la perturbación afecta una región que involucra varios átomos o iones. Estas imperfecciones, que se muestran en la figura siguiente, pueden ser generadas por el movimiento de los átomos o iones cuando ganan energía al calentarse, durante el procesamiento del material o por la introducción intencional o no intencional de impurezas. Por lo general, las *impurezas* son elementos o compuestos que contienen materias primas o durante el procesamiento. Por ejemplo, los cristales de silicio crecen en crisoles de cuarzo cuya impureza es el oxígeno. Por otro lado, los *dopantes* son elementos o compuestos que se adicionan de manera deliberada, en concentraciones conocidas, en lugares específicos de la microestructura, con un efecto beneficioso deseado sobre las propiedades o el procesamiento. En general, el efecto de las impurezas es perjudicial, mientras que el efecto de los dopantes sobre las propiedades de los materiales es útil. El fósforo y el boro son ejemplos de dopantes que se adicionan a cristales de silicio para mejorar las propiedades eléctricas del silicio puro.

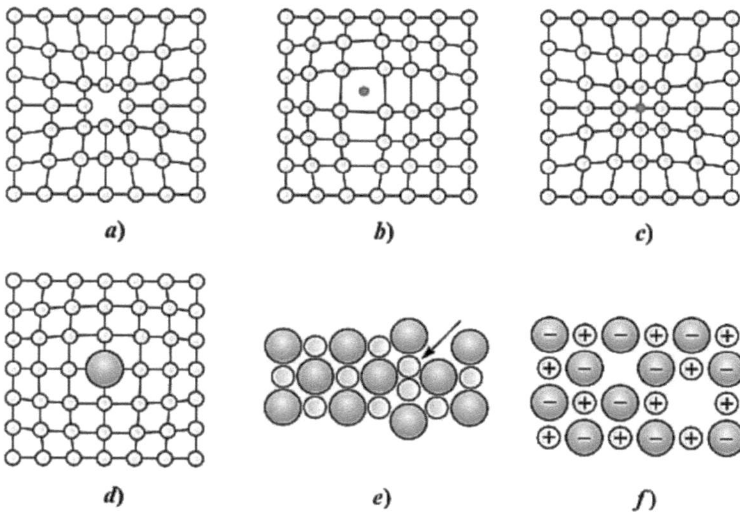

Defectos puntuales: a) vacancia, b) átomo intersticial, c) átomo sustitucional pequeño, d) átomo sustitucional grande, e) defecto de Frenkel y f) defecto de Schottky. Todos estos defectos perjudican el arreglo perfecto de los átomos cercanos.

Por lo general, un defecto puntual involucra un átomo o ion, o un par de átomos o iones, y por lo tanto es distinto de los *defectos extendidos*, como las dislocaciones o los límites de grano. Una cuestión importante acerca de los defectos puntuales es que, aunque los defectos aparecen en uno o dos sitios, su presencia se "siente" a distancias mucho mayores en el material cristalino.

Vacancias.

Se produce una vacancia cuando un átomo o un ion está ausente de su sitio normal en la estructura cristalina, como en la figura (a) anterior. Cuando los átomos o iones están ausentes (es decir, cuando se presentan vacancias), aumenta la aleatoriedad o entropía general del material, lo cual incrementa la estabilidad termodinámica de los materiales cristalinos. Todos los materiales cristalinos tienen defectos de vacancia. Éstos se introducen en los metales y aleaciones durante la solidificación, a altas temperaturas, o como consecuencia del daño que produce la radiación. Las vacancias desempeñan una función importante en la determinación de la velocidad a la cual los átomos o iones se mueven alrededor de o se difunden en un material sólido, especialmente en los metales puros.

A temperatura ambiente (~298 K), la concentración de vacancias es pequeña, pero aumenta exponencialmente a medida que se incrementa la temperatura, como se muestra por medio del siguiente comportamiento de tipo Arrhenius:

$$n_v = n \exp\left(\frac{-Q_v}{RT}\right)$$

donde

n_v es el número de vacancias por cm^3;

n es el número de átomos por m^3;

Q_v es la energía que se requiere para producir un mol de vacancias, en cal/mol o joules/mol;

R es la constante de los gases, $1.987 \dfrac{cal}{mol \cdot K}$ u $\dfrac{8.314\,J}{mol \cdot K}$, y

T es la temperatura en kelvins.

Defectos intersticiales.

Un defecto intersticial se forma cuando se inserta un átomo o ion adicional en la estructura cristalina en una posición por lo general desocupada, como en la figura (b). Los átomos o iones intersticiales, aunque mucho menores que los átomos o iones localizados en los puntos de red, siguen siendo mayores que los sitios intersticiales que ocupan; en consecuencia, la región cristalina circundante está comprimida y distorsionada. Con frecuencia, los átomos intersticiales, como el hidrógeno, se presentan como impurezas, mientras que los átomos de carbono se adicionan de manera intencional al hierro con el fin de producir acero. En concentraciones pequeñas, los átomos de carbono ocupan sitios intersticiales en la estructura cristalina del hierro, introduciendo un esfuerzo alrededor de la región localizada del cristal. Como se puede observar, la introducción de átomos intersticiales es una manera importante de incrementar la resistencia de los materiales metálicos. A diferencia de las vacancias, una vez introducidos, el número de átomos o iones intersticiales en la estructura permanece casi constante, a pesar de que se modifique la temperatura.

Defectos sustitucionales.

Se produce un defecto sustitucional cuando se reemplaza un átomo o un ion por un tipo distinto de átomo o ion como en la figura (c) y (d) de arriba. Los átomos o iones sustitucionales, que ocupan el sitio de red normal, pueden ser mayores que los átomos o iones normales de la estructura cristalina, en cuyo caso se reducen los espaciados interatómicos circundantes, o se agrandan, lo que provoca que los átomos circundantes tengan espaciados interatómicos mayores. En cualquier caso, los defectos sustitucionales alteran al cristal circundante. De nuevo, el defecto sustitucional puede introducirse como una impureza o como una adición de aleación de manera deliberada y, una vez introducidos, el número de defectos es relativamente independiente de la temperatura.

Los ejemplos de defectos sustitucionales incluyen la incorporación de dopantes como el fósforo o el boro en el Si. De manera similar, si se adiciona cobre al níquel, los átomos de cobre ocuparán los sitios cristalográficos donde, por lo general, estarían los átomos de níquel. Con frecuencia, los átomos sustitucionales incrementan la resistencia del material metálico. Los defectos sustitucionales también aparecen en los materiales cerámicos.

Otros defectos puntuales.

Se crea una *interticialidad* cuando un átomo idéntico a los ubicados en los puntos de red normales se inserta en una posición intersticial. Es más probable encontrar estos defectos en las estructuras cristalinas que tienen un factor de empaquetamiento bajo.

Un *defecto de Frenkel* es un par de vacancia-intersticial formado cuando un ion salta de un punto de red normal a un sitio intersticial, como en la figura (e), y deja atrás una vacancia. Aunque por lo general se asocia con los materiales iónicos, un defecto de Frenkel puede ocurrir en metales y en materiales enlazados de manera covalente. Por su parte, un *defecto de Schottky*, figura (f), es exclusivo de los materiales iónicos y se encuentra de manera común en muchos materiales cerámicos. Cuando las vacancias ocurren en un material enlazado iónicamente, debe estar ausente un número estequiométrico de aniones y cationes en las posiciones atómicas regulares para que se conserve la neutralidad eléctrica.

Por lo tanto, en los sólidos iónicos, cuando se introducen defectos puntuales, tienen que observarse las siguientes reglas:

a) debe conservarse el balance de la carga de tal manera que el material cristalino como un todo sea eléctricamente neutro;
b) debe conservarse el balance de la masa, y
c) debe conservarse el número de sitios cristalográficos.

2.2 Defectos lineales.

Las *dislocaciones son imperfecciones lineales* en un cristal que de otra manera sería perfecto. Por lo general se introducen en el cristal durante la solidificación del material o cuando éste se deforma de manera permanente. Aunque las dislocaciones se encuentran en todos los materiales, entre ellos las cerámicas y los polímeros, son particularmente útiles para explicar la deformación y el endurecimiento de los materiales metálicos. Se pueden identificar tres tipos de dislocaciones: la *dislocación helicoidal*, la *dislocación de arista* y la *dislocación mixta*.

Dislocaciones helicoidales.

La *dislocación helicoidal*, figura siguiente, puede ilustrarse si se corta parcialmente un cristal perfecto y después se lo tuerce en un espaciado atómico. Si se realiza en un plano cristalográfico una revolución alrededor del eje sobre el cual se torció el cristal, comenzando en el punto x y luego se recorren espaciados atómicos iguales en cada dirección en sentido de las manecillas del reloj, se termina en el punto y un espaciado atómico debajo del punto inicial. Si no estuviera presente una dislocación helicoidal, la vuelta se cerraría. El vector que se requiere para completar la vuelta es el vector de **Burgers b**. Si se continúa la rotación, se trazaría una trayectoria en espiral. El eje, o línea alrededor de la cual se traza esta trayectoria, es la dislocación helicoidal. El vector de Burgers es paralelo a la dislocación helicoidal.

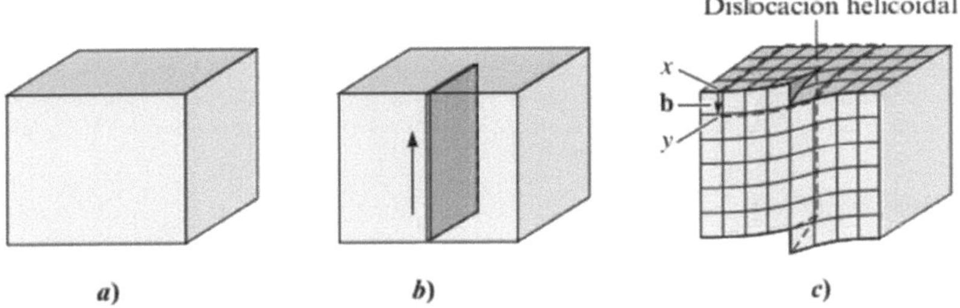

El cristal perfecto *a*) se corta y se hace una ranura en un espaciado atómico, *b*) y *c*). La línea a lo largo de la cual ocurre el corte es la dislocación helicoidal. Se requiere un vector de Burgers **b** para completar una vuelta de espaciados atómicos iguales alrededor de la dislocación helicoidal.

Dislocaciones de arista.

Una dislocación de arista figura de abajo puede ilustrarse si se corta de manera parcial un cristal perfecto, se separa el cristal y se llena de manera parcial el corte con un medio plano adicional de átomos. La arista inferior de este plano insertado representa la dislocación de arista. Si se describe una vuelta en sentido de las manecillas del reloj alrededor de la dislocación de arista, comenzando en el punto x y se recorre un número igual de espaciados atómicos en cada dirección, se termina en el punto y a un espaciado atómico del punto inicial. Si no estuviera presente la dislocación de arista, la vuelta se cerraría. El vector que se requiere para completar la vuelta es, de nuevo, el vector de Burgers, en este caso, perpendicular a la dislocación. Cuando se produce la dislocación, los átomos sobre la línea de ésta se comprimen de manera estrecha, mientras que los átomos debajo de la dislocación se estiran demasiado. La región circundante del cristal es perturbada por la presencia de la dislocación. Con frecuencia se utiliza el símbolo "⊥" para indicar una dislocación de arista. El eje largo de los puntos "⊥" apunta hacia el medio plano adicional. A diferencia de una dislocación de arista, una dislocación helicoidal no puede visualizarse como un medio plano adicional de átomos.

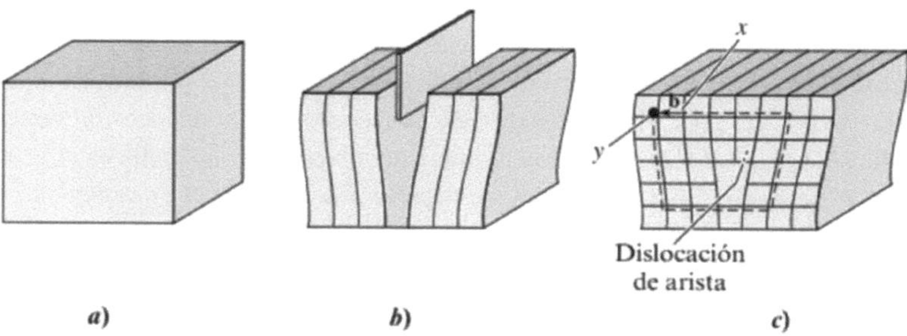

El cristal perfecto en *a*) se corta y se inserta un medio plano adicional de átomos *b*). La arista inferior del medio plano adicional es una dislocación de la arista *c*). Se requiere un vector de Burgers **b** para completar una vuelta de espaciados atómicos iguales alrededor de la dislocación de arista. (*Adaptado de* J. D. Verhoeven, Fundamentals of Physical Metallurgy, *Wiley, 1975.*)

Dislocaciones mixtas.

Como se muestra en la figura siguiente, las dislocaciones mixtas tienen componentes de arista y helicoidal, con una región de transición entre ellas. Sin embargo, el vector de Burgers sigue siendo el mismo para todas las porciones de la dislocación mixta.

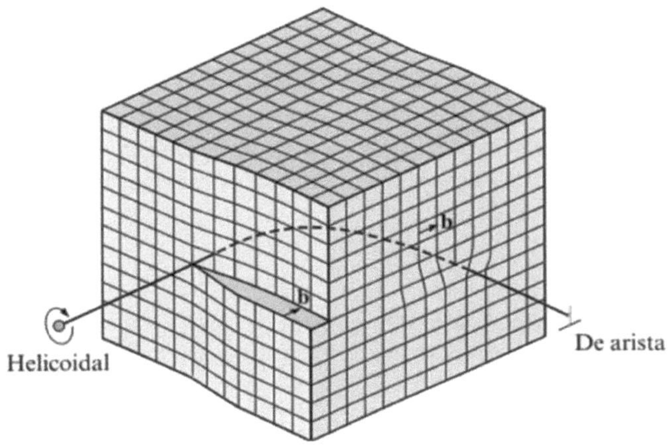

Dislocación mixta. La dislocación helicoidal en la cara frontal del cristal cambia de manera gradual a una dislocación de arista en el lado del cristal. (*Adaptada de W. T. Read, Dislocations in Crystals, McGraw-Hill, 1953.*)

Esfuerzos.

Cuando se explica el movimiento de las dislocaciones, es necesario referirse al concepto de esfuerzo. Por ahora, es suficiente decir que el esfuerzo es la fuerza por unidad de área y que se mide en unidades de lb/pulg^2 conocidas como psi (libras por pulgada cuadrada) o N/m^2 conocidas como pascal (Pa). Se origina un esfuerzo normal cuando la fuerza aplicada actúa perpendicular al área de interés. Se origina un esfuerzo cortante cuando la fuerza actúa en una dirección paralela al área de interés.

Movimiento de la dislocación.

Considere la dislocación de arista que se muestra en la figura (a) de abajo. Al plano que contiene la línea de dislocación y al vector de Burgers se le conoce como plano del deslizamiento. Cuando se aplica un esfuerzo cortante lo suficientemente grande que opera paralelo al vector de Burgers a un cristal que contiene una dislocación, esta puede moverse a través de un proceso conocido como *deslizamiento*. Los enlaces que atraviesan el plano del deslizamiento entre los átomos de la columna a la derecha de la dislocación aparecen como rotos. Los átomos de la columna a la derecha de la dislocación debajo del plano del deslizamiento se desplazan ligeramente y establecen enlaces con los átomos de la dislocación de arista. De esta manera, la dislocación se ha desplazado a la derecha, figura (b). Si el proceso continúa, la dislocación se mueve a través del cristal, figura (c) hasta que produce un escalón en el exterior del cristal figura (d) en *dirección del deslizamiento* (la cual es paralela al vector de Burgers). (Observe que la combinación de un plano de deslizamiento y una dirección del deslizamiento comprende un *sistema de deslizamiento*.)

La mitad superior del cristal ha sido desplazada un vector de Burgers en relación con la mitad inferior; el cristal se ha deformado de manera plástica (o permanente). Éste es el proceso fundamental que ocurre muchas veces a medida que dobla un clip con sus dedos. La deformación plástica de los metales es principalmente el resultado de la propagación de las dislocaciones.

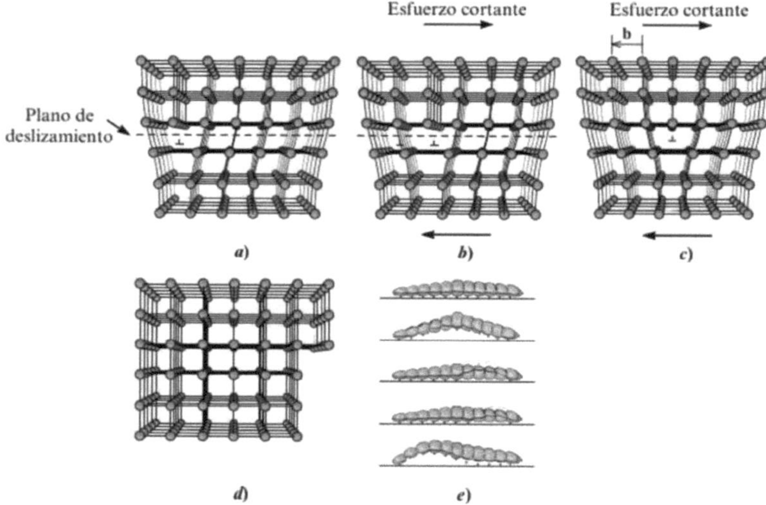

a) Cuando se aplica un esfuerzo cortante a la dislocación en a), los átomos se desplazan, b) y ocasionan que la dislocación se mueva un vector de Burgers en la dirección de deslizamiento. c) El movimiento continuo de la dislocación con el tiempo crea un escalón d) y el cristal se deforma. e) El movimiento de la oruga es análogo al movimiento de una dislocación. (Adaptado de A. G. Guy, Essentials of Materiales Science, McGraw-Hill, 1976.)

La mitad superior del cristal ha sido desplazada un vector de Burgers en relación con la mitad inferior; el cristal se ha deformado de manera plástica (o permanente). Éste es el proceso fundamental que ocurre muchas veces a medida que dobla un clip con sus dedos. La deformación plástica de los metales es principalmente el resultado de la propagación de las dislocaciones.

Este proceso progresivo de rompimiento y reformación de enlaces requiere mucho menos energía que la que se necesita para romper de forma instantánea todos los enlaces que atraviesan el plano del deslizamiento. El cristal se deforma por medio de la propagación de las dislocaciones debido a que es un proceso energéticamente favorable. Considere el movimiento por medio del cual se mueve una oruga figura (e). Este pequeño insecto sólo levanta algunas de sus patas en algún momento dado y utiliza ese movimiento para moverse de un lugar a otro en lugar de levantar todas las patas a la vez para moverse hacia adelante. ¿Por qué? Debido a que levantar sólo algunas de sus patas requiere menos energía, y es más fácil para la oruga hacer este movimiento. Otra manera de visualizar este desplazamiento es pensar acerca de cómo se puede mover una alfombra grande colocada de manera incorrecta en una habitación. Si desea reposicionar la alfombra, en vez de levantarla del piso y moverla toda a la vez, podría formar un pliegue en la alfombra y empujarlo en la dirección en la que desea moverla. El ancho del pliegue es análogo al vector de Burgers. De nuevo, usted moverá la alfombra de esta manera debido a que se requiere menos energía; es más fácil.

Deslizamiento.

La figura (a) de abajo, es un diagrama esquemático de una dislocación de arista sujeta a un esfuerzo cortante que actúa en forma paralela al vector de Burgers y de manera perpendicular a la línea de dislocación. En este dibujo, la dislocación de arista se está propagando en la dirección opuesta a la dirección de la propagación que se muestra en la figura (a) de arriba. Una componente del esfuerzo cortante debe actuar en forma paralela al vector de Burgers para que se mueva la dislocación. La línea de dislocación se mueve en una dirección paralela al vector de Burgers. La figura (b) de abajo, muestra una dislocación helicoidal, en cuyo caso una componente del esfuerzo cortante debe actuar en forma paralela al vector de Burgers (y por lo tanto a la línea de dislocación) para que se mueva la dislocación. La dislocación se mueve en una dirección perpendicular al vector de Burgers y el escalón del deslizamiento que se produce es paralelo a éste. Dado que el mencionado vector de una dislocación helicoidal es paralelo a la línea de la dislocación, la especificación del vector de Burgers y la línea de la dislocación no definen el plano del deslizamiento de una dislocación helicoidal.

Durante el deslizamiento, una dislocación se mueve de un conjunto de entornos a un conjunto idéntico de entornos. Se requiere el ***esfuerzo de Peierls-Nabarro*** (ecuación 4-2) para mover la dislocación de una localización de equilibrio a otra, donde τ es el esfuerzo cortante que se requiere para mover la dislocación, d el espaciado interplanar entre los planos de deslizamiento adyacentes, b la magnitud del vector de Burgers, y c y k son constantes del material.

$$\tau = c \exp\left(-\frac{kd}{b}\right)$$

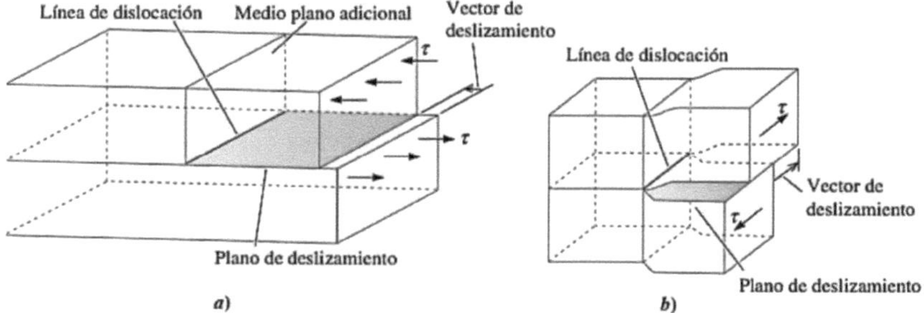

Esquema de la línea de dislocación, del plano de deslizamiento y del vector de deslizamiento (Burgers) de *a*) una dislocación de arista y *b*) una dislocación helicoidal. (*Adaptado de* J. D. Verhoeven, Fundamentals of Physical Metallurgy, *Wiley & Sons, 1975.*)

La dislocación se mueve en un sistema de deslizamiento que requiere un gasto mínimo de energía. Varios factores importantes determinan los sistemas de deslizamiento más probables de ser activos:

1. El esfuerzo que se requiere para provocar que la dislocación se mueva, aumenta de manera exponencial con la longitud del vector de Burgers. Por lo tanto, la dirección de deslizamiento debe tener una distancia repetitiva pequeña o una densidad lineal alta. Las direcciones compactas en los metales y aleaciones cumplen este criterio y son las direcciones comunes de deslizamiento.

2. El esfuerzo que se requiere para provocar que la dislocación se mueva disminuye de manera exponencial con el espaciado interplanar de los planos de deslizamiento. Éste se lleva a cabo de manera más fácil entre los planos de átomos que son llanos (por lo que hay "colinas o valles" más pequeños sobre la superficie) y entre los planos que están muy alejados (o tienen un espaciado interplanar relativamente grande). Los planos con una densidad planar alta cumplen este requisito. Por lo tanto, los planos de deslizamiento por lo general son planos compactos o lo más compactos posible. En la tabla siguiente, se resumen los sistemas comunes de deslizamiento de varios materiales.

3. Las dislocaciones no se mueven con facilidad en materiales como el silicio, los cuales tienen enlaces covalentes. Debido a la fuerza y direccionalidad de los enlaces, por lo general los materiales fallan de una manera quebradiza antes de que la fuerza sea lo suficientemente poderosa para provocar un deslizamiento apreciable. Las dislocaciones también desempeñan una función relativamente menor en la deformación de los polímeros. La mayoría de éstos contienen una

fracción sustancial de volumen de material amorfo y, por lo tanto, no presentan dislocaciones. La deformación permanente de los polímeros involucra sobre todo el estiramiento, la rotación y el desenredado de las moléculas de cadena larga.

4. Los materiales con enlace iónico, entre ellos muchas cerámicas como el MgO, también son resistentes al deslizamiento. El movimiento de una dislocación afecta el balance de la carga alrededor de los aniones y cationes, y provoca que se rompan los enlaces entre los aniones y cationes. Durante el deslizamiento, los iones con carga similar también deben pasar cerca unos de otros, lo que provoca repulsión. Por último, la distancia repetitiva a lo largo de la dirección de deslizamiento, o del vector de Burgers, es mayor que en los metales y aleaciones. De nuevo, la falla quebradiza de los materiales cerámicos ocurre por lo general debido a la presencia de desperfectos, como poros pequeños antes de que el nivel del esfuerzo aplicado sea suficiente para ocasionar que las dislocaciones se muevan.

Planos y direcciones de deslizamiento en estructuras metálicas

Estructura cristalina	Plano de deslizamiento	Dirección de deslizamiento
Metales CCCu	$\{110\}$ $\{112\}$ $\{123\}$	$\langle 111 \rangle$
Metales CCCa	$\{111\}$	$\langle 1\overline{1}0 \rangle$
Metales CH	$(001), (002)^*$ $\{11\overline{2}0\}$ $\{10\overline{1}0\}$ Ver nota $\{10\overline{1}1\}$	$[1\overline{0}0], [010], [110]$ $\langle 1\overline{1}0 \rangle$ o $\langle 10\overline{2}0 \rangle$
MgO, NaCl (iónico)	$\{110\}$	$\langle 1\overline{1}0 \rangle$
Silicio (covalente)	$\{111\}$	$\langle 1\overline{1}0 \rangle$

Nota: Estos planos son activos en algunos metales y aleaciones o a altas temperaturas.
**En la notación de cuatro ejes, los planos y direcciones de desplazamiento son <11$\overline{2}$0> y (0001).*

Ejemplo 2.1

Calcule la longitud del vector de Burgers del cobre.

Solución:

El cobre tiene una estructura cristalina CCCa. Su parámetro de red es de 0.36151 nm. Las direcciones compactas, o las direcciones del vector de Burgers, son de la forma $\langle 110 \rangle$. La distancia repetitiva a lo largo de las direcciones $\langle 110 \rangle$ es de un medio a la diagonal de la cara, dado que los puntos de red se localizan en las esquinas y en los centros de las caras.

$$\text{Diagonal de la cara} = \sqrt{2}a_0 = (\sqrt{2})(0.36151) = 0.51125 \text{ nm}$$

La longitud del vector de Burgers, o distancia repetitiva, es

$$b = \frac{1}{2}(0.51125) \text{ nm} = 0.25563 \text{ nm}$$

Ejemplo 2.2

La densidad planar del plano (112) del hierro CCCu es 9.94 x10^{18} átomos/m^2. Calcule a) la densidad planar del plano (110), b) los espaciados interplanares de los planos (112) y (110). Por lo general, ¿en cuál plano ocurrirá un deslizamiento?

Solución:

El parámetro de red del hierro CCCu es de 0.2866 nm o 2.866 $\times$ 10^{-10} m. En el caso del plano (110) en la estructura CCCu, un cuarto de los cuatro átomos ubicados en las esquinas más el átomo del centro se encuentran dentro de un área de a_0 veces $\sqrt{2}a_0$.

a) La densidad planar es

$$\text{Densidad planar (110)} = \frac{\text{átomos}}{\text{área}} = \frac{2}{(\sqrt{2})(2.866 \times 10^{-10}\,\text{m})^2}$$
$$= 1.72 \times 10^{19}\ \text{átomos/m}^2$$

$$\text{Densidad planar (112)} = 0.994 \times 10^{19}\ \text{átomos/m}^2\ \text{(del enunciado del problema)}$$

b) Los espaciados interplanares son

$$d_{110} = \frac{2.866 \times 10^{-10}}{\sqrt{1^2 + 1^2 + 0}} = 2.027 \times 10^{-10}\,\text{m}$$
$$d_{112} = \frac{2.866 \times 10^{-10}}{\sqrt{1^2 + 1^2 + 2^2}} = 1.170 \times 10^{-10}\,\text{m}$$

La densidad planar y el espaciado interplanar del plano (110) son mayores que los del plano (112); por lo tanto, el (110) es el plano de deslizamiento preferente.

Importancia de las dislocaciones.

Las dislocaciones son de mayor importancia en los metales y aleaciones, dado que proporcionan un mecanismo para la ***deformación plástica***. La deformación plástica implica la deformación o cambio irreversible de la forma en que se lleva a cabo cuando se elimina la fuerza o el esfuerzo que la provocó. La fuerza que se aplica provoca el movimiento de las dislocaciones y el efecto acumulado de los deslizamientos de diversas dislocaciones provoca una deformación plástica. Sin embargo, existen otros mecanismos que ocasionan una deformación permanente. Debe distinguirse la deformación plástica de la ***deformación elástica***, la cual es un cambio temporal de la forma que ocurre cuando se sigue aplicando una fuerza o un esfuerzo a un material. Cuando la deformación es elástica, el cambio de forma es resultado del estiramiento de los enlaces interatómicos y no se lleva a cabo ningún movimiento de las dislocaciones. El deslizamiento puede ocurrir en algunas cerámicas y polímeros; sin embargo, otros factores (por ejemplo, la porosidad de las cerámicas, el desenredado de las cadenas de los polímeros, etc.) dominan el comportamiento mecánico casi a temperatura ambiente de los polímeros y cerámicas. Los materiales amorfos, como los vidrios de silicato, no poseen un arreglo periódico de iones y por ello no presentan dislocaciones.

Por lo tanto, el proceso del deslizamiento es particularmente importante para comprender el comportamiento mecánico de los metales. Primero, el deslizamiento explica por qué la resistencia de los metales es mucho menor que el valor pronosticado a partir del enlace metálico. Si ocurre el deslizamiento, sólo se necesita romper una pequeña fracción de todos los enlaces metálicos que atraviesan la interfase en cualquier momento y la fuerza que se requiere para deformar el metal es pequeña. Puede demostrarse que la resistencia real de los metales es de 10^3 a 10^4 veces menor que la esperada a partir de la fuerza de los enlaces metálicos.

Segundo, el deslizamiento proporciona ductilidad a los metales. Si no se presentaran dislocaciones, una barra de hierro sería quebradiza y el metal no podría moldearse por medio de procesos de metalistería, como la forja, en formas útiles.

Tercero, las propiedades mecánicas de un metal o una aleación se controlan interfiriendo el movimiento de las dislocaciones. La introducción de un obstáculo en el cristal previene que una dislocación se deslice a menos que se apliquen fuerzas mayores. En consecuencia, la presencia de dislocaciones ayuda a endurecer los materiales metálicos.

En los materiales se encuentran cantidades enormes de dislocaciones. Por lo general, se utiliza la densidad de las dislocaciones, o longitud total de dislocaciones por unidad de volumen, para representar la cantidad de dislocaciones presentes. Las densidades de las dislocaciones de 10^6 cm/cm^3 son comunes entre los metales más blandos, mientras que pueden alcanzarse densidades de hasta 10^{12} cm/cm^3 para deformar el material.

Las dislocaciones también influyen en las propiedades electrónicas y ópticas de los materiales. Por ejemplo, la resistencia del cobre puro aumenta a la par del incremento de la densidad de las dislocaciones.

Ley de Schmid.

Se pueden comprender las diferencias entre los comportamientos de los metales que tienen estructuras cristalinas distintas si se examina la fuerza que se requiere para iniciar el proceso del deslizamiento. Suponga que se aplica una fuerza unidireccional F a un cilindro de metal monocristalino (figura siguiente). Se puede orientar el plano y la dirección de deslizamiento a la fuerza aplicada mediante la definición de los ángulos λ y φ. El ángulo entre la dirección de deslizamiento y la fuerza aplicada es λ mientras que φ es el ángulo entre la normal al plano de deslizamiento y la fuerza aplicada. Observe que la suma de los ángulos φ y λ puede, pero no necesariamente debe, ser de 90°.

Para que la dislocación se mueva en su sistema de deslizamiento, debe producirse por medio de la fuerza aplicada de una fuerza de corte que actúe en la dirección del deslizamiento. Esta fuerza de corte resuelta F_r está dada por

$$F_r = F \cos \lambda$$

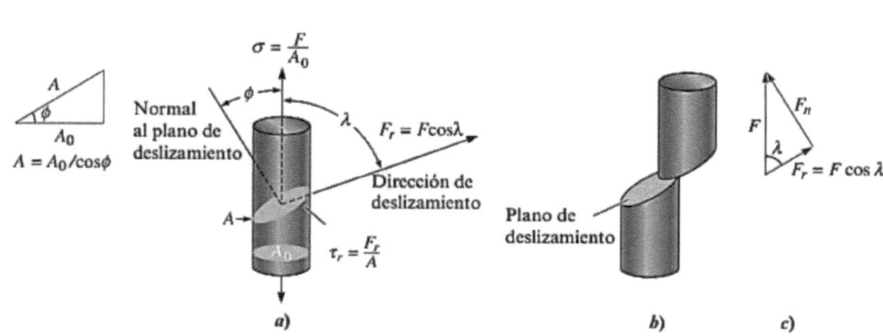

a) Se produce un esfuerzo cortante resuelto en el sistema de deslizamiento. [Nota: ($\varphi + \lambda$) no tiene que ser igual a 90°.] b) El movimiento de las dislocaciones en el sistema de deslizamiento deforma el material. c) Resolución de la fuerza.

Si se divide la ecuación entre el área del plano de deslizamiento, $A = {}^{A_0}\!/_{\cos \varphi}$, se obtiene la siguiente ecuación, conocida como *ley de Schmid*:

$$\tau_r = \sigma \cos \phi \cos \lambda$$

donde

$$\tau_r = \frac{F_r}{A} = \text{esfuerzo cortante resuelto en la dirección de deslizamiento}$$

y

$$\sigma = \frac{F}{A_0} = \text{esfuerzo normal aplicado al cilindro}$$

El esfuerzo cortante resuelto crítico τ_{ecrc} es el esfuerzo cortante que se requiere para que ocurra el deslizamiento. Por lo tanto, el deslizamiento ocurre y ocasiona que el material se deforme de manera plástica, cuando el esfuerzo aplicado (σ) produce un esfuerzo cortante resuelto (τ_r) que es igual al esfuerzo cortante resuelto crítico:

$$\tau_r = \tau_{ecrc}$$

Influencia de la estructura cristalina.

Se puede utilizar la ley de Schmid para comparar las propiedades de los metales que tienen estructuras cristalinas CCCu, CCCa y CH. La tabla siguiente presenta tres factores importantes que se pueden examinar. Sin embargo, debe ser cuidadoso, pues esta explicación describe el comportamiento de monocristales casi perfectos. Los materiales de ingeniería reales rara vez son monocristales y siempre contienen gran cantidad de defectos. También tienden a ser policristalinos. Dado que distintos cristales o granos están orientados en diferentes direcciones aleatorias, no se puede aplicar la ley de Schmid para predecir el comportamiento mecánico de los materiales policristalinos.

Resumen de los factores que afectan el deslizamiento en las estructuras metálicas

Factor	CCCa	CCCu	CH $\left(\frac{c}{a} \geq 1.633\right)$
Esfuerzo cortante resuelto crítico (kPa)	345–690	34,500–69,000	345–690[a]
Número de sistemas de deslizamiento	12	48	3[b]
Deslizamiento cruzado	Puede ocurrir	Puede ocurrir	No puede ocurrir[b]
Resumen de las propiedades	Dúctil	Resistente	Relativamente quebradizo

[a]Para el deslizamiento en los planos basales.
[b]Cuando se fabrican aleaciones o se los calienta a altas temperaturas en los metales CH se activan sistemas de deslizamiento adicionales, lo que permite que ocurra un deslizamiento cruzado y por lo tanto mejore la ductilidad.

Deslizamiento cruzado.

Considere una dislocación helicoidal que se mueve en un plano de deslizamiento que encuentra un obstáculo que le impide seguir en movimiento. Esta dislocación puede desplazarse a un segundo sistema de deslizamiento intersecante, también orientado de manera apropiada, y continuar moviéndose. A este fenómeno se le llama deslizamiento cruzado. En muchos metales CH este deslizamiento no puede ocurrir debido a que los planos de deslizamiento son paralelos (es decir, no intersecantes). Por lo tanto, los metales CH policristalinos tienden a ser quebradizos.

Por fortuna, se activan sistemas de deslizamiento adicionales cuando los metales CH conforman aleaciones o se calientan, lo que mejora la ductilidad. El deslizamiento cruzado es posible en los metales CCCa y CCCu, debido a que están presentes varios sistemas de deslizamiento intersecantes. En consecuencia, el deslizamiento cruzado ayuda a mantener la ductilidad de estos metales.

2.3 Defectos superficiales

Los ***defectos superficiales*** son los límites, o planos, que separan un material en regiones. Por ejemplo, cada región puede tener la misma estructura cristalina, pero orientaciones distintas.

Superficie del material

Las dimensiones exteriores del material representan las superficies en las que el cristal termina de manera abrupta. Cada átomo ubicado en la superficie ya no posee el número de coordinación apropiado y se interrumpe el enlazamiento atómico. La superficie exterior también puede ser muy áspera, contener muescas diminutas y ser mucho más reactiva que la mayor parte del material.

Límites de grano

La microestructura de muchas cerámicas de ingeniería y materiales metálicos consiste en muchos granos. Un ***grano*** es una porción del material dentro de la cual el arreglo de los átomos es casi idéntico; sin embargo, la orientación del arreglo de átomos, o estructura cristalina, es distinta en cada grano vecino. En la figura (a) siguiente, se muestran tres granos; el arreglo de los átomos en cada uno de ellos es idéntico, pero los granos están orientados de manera distinta. Un ***límite de grano***, la superficie que separa los granos individuales, es una zona angosta en la que los átomos no están espaciados de manera apropiada. En otras palabras, los átomos están tan cercanos entre sí en algunas localizaciones en los límites de los granos que generan una región de compresión, mientras que en otras áreas están tan alejados que generan una región de tensión. La figura (b) muestra una micrografía de los granos en una muestra de acero inoxidable. La figura (c) es una micrografía electrónica de alta resolución de la transmisión de barrido de un límite de grano de oro. Esta figura demuestra que la ilustración de la figura (a) exagera en gran medida la separación entre los átomos de los límites de grano.

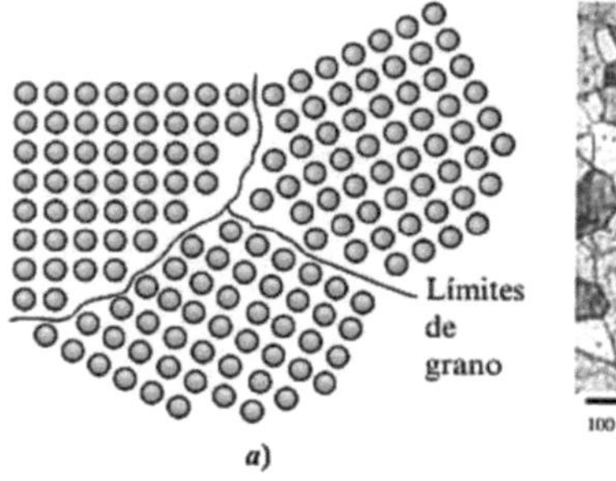

a)

b)

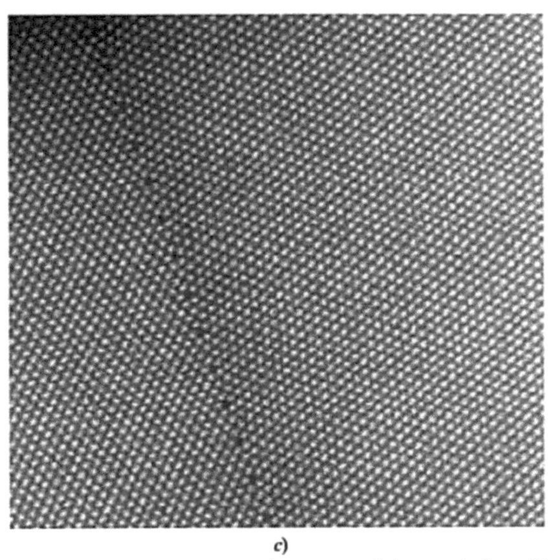

c)

a) Los átomos cercanos a los límites de los tres granos no tienen un espaciado o arreglo de equilibrio como muestra este esquema. b) Granos y límites de grano de una muestra de acero inoxidable. (Micrografía cortesía de los doctores A. J. Deardo, M. Hua y J. García). c) Micrografía electrónica de alta resolución de la transmisión de barrido en un límite de grano de oro. (Imagen tomada con el FEI Titan STEM 80-300, cortesía de FEI.)

Un método para controlar las propiedades de un material es por medio del control del tamaño del grano. Si se reduce el tamaño del grano, se incrementa el número de granos y, por lo tanto, aumenta la cantidad del área de los límites de grano. Cualquier dislocación sólo se mueve una distancia corta antes de que se encuentre con un límite de grano y se incremente la resistencia del material metálico. La *ecuación de Hall-Petch* relaciona el tamaño del grano con el *límite elástico*,

$$\sigma_y = \sigma_0 + Kd^{-1/2}$$

donde σ_y y es el límite elástico (el nivel de esfuerzo necesario para provocar una cierta cantidad de deformación permanente), d el diámetro promedio de los granos, y σ_0 y K son constantes del metal. El límite elástico de un material metálico es el nivel mínimo de esfuerzo que se necesita para iniciar la deformación plástica (permanente). La figura siguiente muestra esta relación en el caso del acero.

69

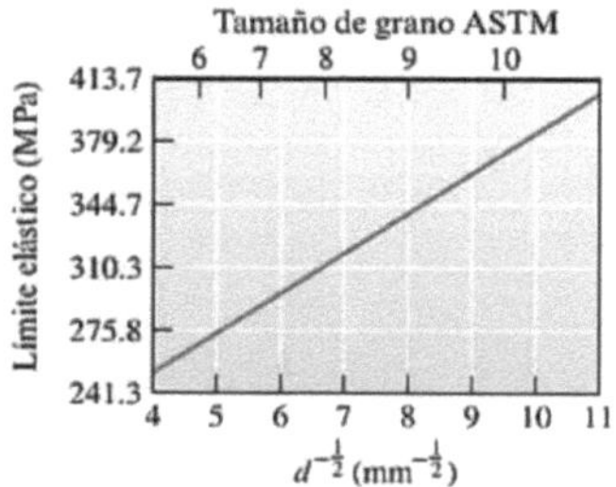

Efecto del tamaño del grano sobre el límite elástico del acero a temperatura ambiente.

La *microscopía óptica* es una técnica que se utiliza para revelar características microestructurales. Al proceso de la preparación de una muestra metálica y la observación o registro de su microestructura se le llama *metalografía*. Una muestra del material se lija y se pule hasta un acabado similar a un espejo. La superficie se expone a un ataque químico, o grabado a agua fuerte, en el que los límites de grano son atacados de manera más agresiva que el resto del grano.

Ejemplo 2.3

El límite elástico del acero dulce con un tamaño de grano promedio de 0.05 mm es de 137.9 MPa. El límite elástico del mismo acero con un tamaño de grano de 0.007 mm es de 275.8 MPa. ¿Cuál será el tamaño promedio de grano del mismo acero con una fluencia de 206.9 MPa? Suponga que la ecuación de Hall-Petch es válida y que los cambios en el esfuerzo de cedencia observado se deben a los cambios en el tamaño del grano.

Solución:

$$\sigma_y = \sigma_0 + Kd^{-1/2}$$

Utilizando la ecuación de Hall-Petch

$$137.9 = \sigma_0 + \frac{K}{\sqrt{0.05}}$$

En el caso de un tamaño de grano de 0.007 mm, el esfuerzo de cadencia es de 275.8 MPa. Por lo tanto, utilizando de nuevo la ecuación de Hall-Petch

$$275.8 = \sigma_0 + \frac{K}{\sqrt{0.007}}$$

La solución de estas dos ecuaciones es $K = 18.44$ MPa $\cdot$ mm$^{1/2}$, y $\sigma_0 = 55.5$ MPa. Ahora se tiene la ecuación de Hall-Petch como

$$\sigma_y = 55.5 + 18.44\, d^{-1/2}$$

Si se desea un esfuerzo de cedencia de 30,000 psi o 206.9 MPa, el tamaño de grano debe ser de 0.0148 mm.

Una forma de especificar el tamaño del grano es utilizando el número de tamaño de grano ASTM (ASTM es la American Society for Testing and Materials). El número de granos por pulgada cuadrada se determina a partir de una fotografía del metal tomada a una magnificación de 100. El número de tamaño de grano ASTM n se calcula como

$$N = 2^{n-1}$$

donde N es el número de granos por pulgada cuadrada.

Un número ASTM grande indica muchos granos, o un tamaño de grano fino, y se correlaciona con las altas resistencias de los metales.

Ejemplo 2.4

Suponga que se cuentan (2.48 x 10^4 granos/in2) en una fotomicrografía tomada a una ampliación de 250. ¿Cuál es el número ASTM de tamaño del grano?

Solución:

Considere una pulgada cuadrada de la fotomicrografía tomada con una ampliación de 250. A una ampliación de 100, la región de una pulgada cuadrada de la ampliación de la imagen de 250 aparecería como

$$1 \text{ in}^2 \left(\frac{100}{250}\right)^2 = 0.16 \text{ in}^2$$

y se observarían

$$\frac{2.48 \times 10^4}{0.16 \text{ pulg}^2} = 1.55 \times 10^5 \text{ granos/in}^2$$

Al sustituir en la ecuación 4-6,

$$N = 1.55 \times 10^5 \text{ granos/in}^2 = 2^{n-1}$$
$$\log 1 = (n - 1)\log 2$$
$$2 = (n - 1)(0.301)$$
$$n = 7.64$$

Límites de grano de ángulo pequeño

Un *límite de grano de ángulo pequeño* es un arreglo de las dislocaciones que produce una desorientación pequeña entre los cristales adyacentes (figura siguiente). Debido que la energía de la superficie es menor que la de un límite de grano regular, los límites de granos de ángulo pequeño no son tan eficaces para bloquear deslizamientos. A los límites de ángulo pequeño formados por dislocaciones de arista se les llama *límites inclinados*, y a los ocasionados por dislocaciones se les llama *límites de giro*.

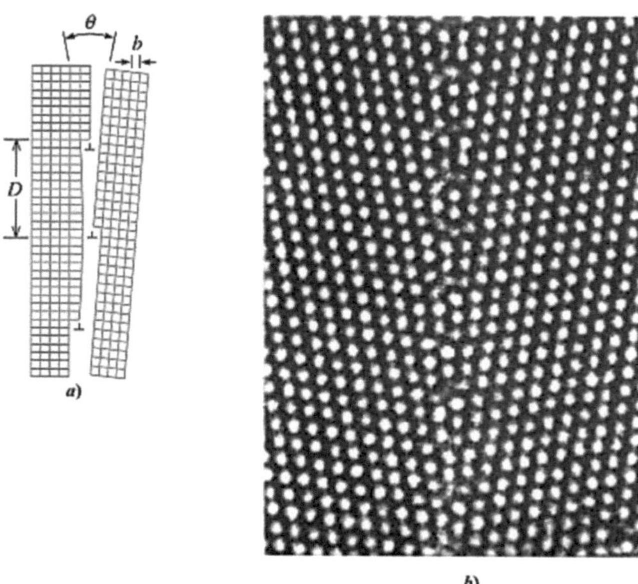

a) El límite de grano de ángulo pequeño se produce por medio de un arreglo de las dislocaciones, lo que provoca un desajuste angular θ entre las redes en cualquier lado del límite. b) Micrografía electrónica de transmisión de un límite de grano de ángulo pequeño en el aluminio. (Cortesía de Ron Gronsky)

Fallas de apilamiento

Las fallas de apilamiento, las cuales ocurren en metales CCCa, representan un error en la secuencia de apilamiento de los planos compactos. Por lo general, se produce una secuencia de apilamiento ABC ABC ABC en un cristal CCCa perfecto. Suponga que en su lugar se produce la siguiente secuencia:

$$ABC\ \underline{ABAB}\ CABC$$

En la porción de la secuencia indicada, un plano del tipo A reemplaza un plano del tipo C. Esta región pequeña, cuya secuencia de apilamiento es CH en lugar de CCCa, representa una falla de apilamiento, las cuales interfieren con el proceso de deslizamiento.

Límites de macla

Un límite de macla es un plano a través del cual se produce una desorientación especial de imagen especular de la estructura cristalina (figura siguiente). Los límites de macla pueden producirse cuando una fuerza de corte, que actúa a lo largo del límite de macla, ocasiona que los átomos se desplacen de su posición. Estos límites, que se presentan durante la deformación o el tratamiento térmico de ciertos metales, interfieren con el proceso de deslizamiento e incrementan la resistencia del metal. También se presentan en algunos materiales cerámicos como la zirconia monoclínica y el silicato de dicalcio.

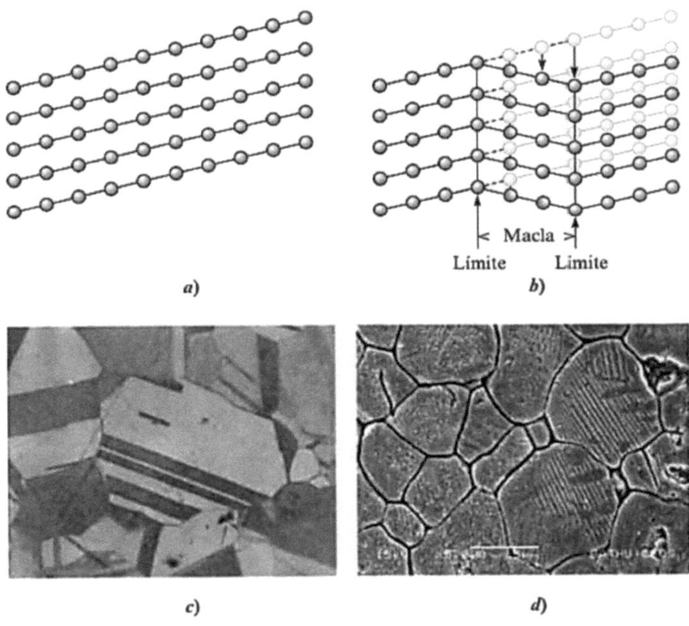

La aplicación de un esfuerzo al *a*) cristal perfecto puede provocar un desplazamiento de los átomos, *b*) que resulta en la formación de una macla. Observe que el cristal se ha deformado como resultado del maclado. *c*) Una micrografía de las maclas dentro de un grano de latón (250 um). (*Reimpresión por cortesía de Don Askeland*) *d*) Dominios en el titanato de bario ferroeléctrico. (*Cortesía del Profesor Chris Bowen*) En los materiales magnéticos se presentan estructuras con dominios similares.

La eficacia de los defectos superficiales para interferir con el proceso de deslizamiento puede juzgarse a partir de las energías superficiales (tabla de abajo). Los límites de grano de alta energía son mucho más eficaces para bloquear las dislocaciones que las fallas de apilamiento o las maclas.

Energías de las imperfecciones superficiales en algunos metales

Imperfección superficial (J/m^2)	Al	Cu	Pt	Fe
Falla de apilamiento	0.2	0.075	0.095	—
Límite de macla	0.12	0.045	0.198	0.19
Límite de grano	0.625	0.645	1.000	0.78

Límites del dominio

Los ferroeléctricos son materiales que desarrollan una polarización dieléctrica espontánea y reversible (por ejemplo, el PZT o el BaTiO$_3$). Los materiales magnéticos también desarrollan una magnetización de manera similar (por ejemplo, el Fe, Co, Ni, óxido de hierro, etc.). Estos materiales electrónicos y magnéticos contienen dominios. Un *dominio* es una región pequeña del material en el que la dirección de la magnetización o de la polarización dieléctrica permanece igual. En estos materiales se forman varios dominios pequeños, lo que minimiza su energía libre total. La figura (d) de arriba, muestra un ejemplo de los dominios en el titanato de bario ferroeléctrico tetragonal. La presencia de los dominios influye en las propiedades dieléctricas y magnéticas de muchos materiales electrónicos y magnéticos.

2.3.7 Importancia de los defectos

Los defectos extendidos y los puntuales desempeñan una función principal, pues influyen en las propiedades mecánicas, eléctricas, ópticas y magnéticas de los materiales de ingeniería.

Efecto sobre las propiedades mecánicas mediante el control del proceso de deslizamiento

Cualquier imperfección en el cristal incrementa la energía interna en el punto de la imperfección. La energía local aumenta debido a que, cerca de la imperfección, los átomos se acercan de manera estrecha (compresión) o son forzados a separarse demasiado (tensión).

Una dislocación en un cristal metálico que de otra manera sería perfecto puede moverse con facilidad a través de este si el esfuerzo cortante resuelto es igual al esfuerzo cortante resuelto crítico. Los defectos en los materiales, como las dislocaciones, los defectos puntuales y los límites de grano funcionan como "señales de alto" para las dislocaciones. Oponen resistencia al movimiento de éstas y cualquier mecanismo que lo haga otorga mayor resistencia a los metales. Por lo tanto, se puede controlar la resistencia de un material metálico si se controla el número y tipo de imperfecciones. Tres mecanismos comunes de endurecimiento se basan en las tres categorías de defectos que muestran los cristales. Dado que el movimiento de las dislocaciones es relativamente más fácil en los metales y aleaciones, por lo general estos mecanismos funcionan mejor en los materiales metálicos. Los mecanismos son:

1. Endurecimiento por deformación
2. Endurecimiento por solución sólida
3. Endurecimiento por tamaño de grano

Endurecimiento por deformación.

Las dislocaciones afectan la perfección de la estructura cristalina. En la figura siguiente, los átomos ubicados en el punto B, es decir por debajo de la línea de la dislocación, están comprimidos, mientras que los átomos de arriba de ese punto están muy separados. Si se mueve a la derecha la dislocación A y pasa cerca de la dislocación B, la fisura encontrará una región donde los átomos no están arreglados de manera apropiada. Se requieren mayores esfuerzos para que la segunda dislocación siga en movimiento; en consecuencia, el metal debe ser más resistente El incremento del número de dislocaciones incrementa la resistencia del material, dado que el aumento de la densidad de las dislocaciones provoca más señales de alto para el movimiento de éstas. Puede demostrarse que la densidad de dislocaciones aumenta de manera notable a medida que deforma el material. A este mecanismo para incrementar la resistencia de un material por medio de la deformación se le conoce como ***endurecimiento por deformación***.

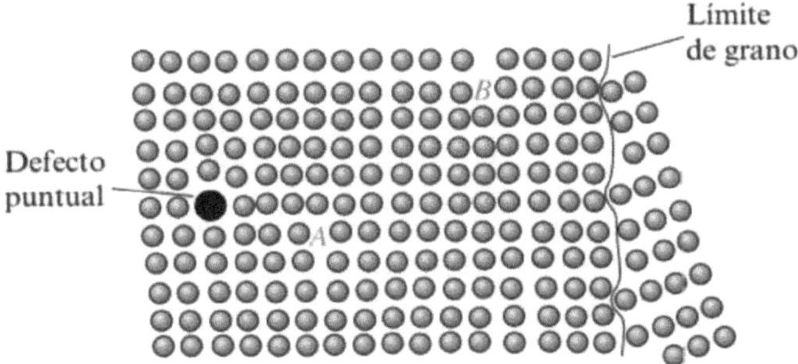

Si la dislocación se mueve hacia la izquierda en el punto *A*, es bloqueada por el defecto puntual. Si se mueve hacia la derecha, interacciona con la red alterada cerca de la segunda dislocación en el punto *B*. Si la dislocación se mueve más hacia la derecha, es bloqueada por un límite de grano.

También puede demostrarse que es posible reducir de forma significativa las densidades de las dislocaciones si se calienta un material metálico a una temperatura relativamente alta (debajo de la temperatura de fusión) durante un largo periodo. A este tratamiento térmico se le conoce como ***recocido*** y se utiliza para proporcionar ductilidad a los materiales metálicos. Por lo tanto, el control de la densidad de las dislocaciones es un mecanismo importante para controlar la resistencia y ductilidad de los metales y aleaciones.

Endurecimiento por solución sólida

Cualquiera de los defectos puntuales también afecta la perfección de la estructura cristalina. Se forma una solución sólida cuando los átomos o iones de un elemento o compuesto huésped son asimilados por completo por la estructura cristalina del material anfitrión. Esto es, similar a la manera en la que la sal o el azúcar en concentraciones pequeñas se disuelven en el agua. Si la dislocación A (figura de arriba) se mueve hacia la izquierda se encuentra con un cristal afectado por el defecto puntual; se requieren mayores esfuerzos para que la dislocación continúe su deslizamiento. Si se introducen de manera intencional átomos sustitucionales o intersticiales, se provoca un endurecimiento por solución sólida. Este mecanismo explica por qué el acero al carbono no aleado es más resistente que el Fe puro y por qué las aleaciones de cobre que contienen concentraciones pequeñas de Be son mucho más resistentes que el Cu puro. El oro y la plata puros, ambos metales CCCa con varios sistemas de deslizamiento activos, son mecánicamente muy blandos.

Endurecimiento por tamaño de grano

Ciertas imperfecciones de la superficie, como los límites de grano, afectan el arreglo de átomos en los materiales cristalinos. Si la dislocación B (figura de arriba) se mueve hacia la derecha, se encuentra con un límite de grano que la bloquea. Cuando en los materiales metálicos aumenta el número de granos o el tamaño de éstos se reduce, se logra el ***endurecimiento por tamaño de grano***.

Existen otros dos mecanismos para incrementar el endurecimiento de los metales y aleaciones. Éstos, a los cuales se les conoce como ***endurecimiento de segunda fase*** y ***endurecimiento por precipitación***.

Ejemplo 2.5

Diseño/selección de materiales para una estructura estable. Se debe fabricar un soporte para sostener ladrillos cerámicos en su lugar de trabajo en un horno de tratamiento térmico. El soporte debe ser resistente, poseer alguna ductilidad, de tal manera que se flexione en vez de fracturarse si se sobrecarga y debe conservar la mayor parte de su resistencia hasta los 600°C. Diseñe el material para construir este soporte, considerando las diversas imperfecciones cristalinas como mecanismos de endurecimiento.

Solución:

Para funcionar a 600°C, el soporte no debe producirse a partir de un polímero. En su lugar, debe considerarse un metal o una cerámica.

Para tener alguna ductilidad, las dislocaciones deben moverse y ocasionar deslizamiento. Debido a que el deslizamiento en las cerámicas es difícil, el soporte debe producirse a partir de un material metálico. El metal debe tener un punto de fusión muy por encima de los 600°C; el aluminio, con un punto de fusión de 660°C. no sería adecuado; sin embargo, el hierro sería una elección razonable.

Si se introducen imperfecciones puntuales, lineales y superficiales en el hierro, se incrementa la resistencia, pero se desea que las imperfecciones sean estables a medida que se incrementa la temperatura. Como se muestra en el capítulo 8, los granos pueden crecer a altas temperaturas, reducir el número de los límites de grano y provocar una disminución de la resistencia. Las dislocaciones pueden eliminarse a altas temperaturas, de nuevo mediante la reducción de la resistencia. El número de vacancias depende de la temperatura, por lo que el control de los defectos cristalinos puede no producir propiedades estables.

Sin embargo, el número de átomos intersticiales o sustitucionales en el cristal no cambia con la temperatura. Se podría adicionar carbono al hierro como átomos intersticiales o átomos de vanadio sustitutos de los átomos de hierro en los puntos de red normales. Estos defectos puntuales continúan interfiriendo con el movimiento de las dislocaciones y ayudan a mantener estable la resistencia.

Por supuesto, también pueden ser importantes otros requerimientos de diseño. Por ejemplo, el soporte de acero puede deteriorarse por la oxidación o reaccionar con el ladrillo cerámico.

Efectos sobre las propiedades eléctricas, magnéticas y ópticas

En las secciones anteriores se enunció que las consecuencias de los defectos puntuales sobre las propiedades eléctricas de los semiconductores son drásticas. Toda la industria de la microelectrónica depende de manera crítica de la incorporación exitosa de dopantes sustitucionales como el P, As, B y Al en el Si y otros semiconductores. Estos átomos dopantes permiten ejercer un control significativo sobre las propiedades eléctricas de los semiconductores. Los dispositivos fabricados con Si, GaAs, silicio amorfo (a:Si:H), etc., dependen de manera crítica de la presencia de átomos dopantes.

Se puede formar Si del tipo n si se le agregan átomos de P y del tipo p si se le adicionan átomos de B. De manera similar, varios de los enlaces del silicio amorfo que de otra manera no serían satisfactorios se completan cuando se les incorporan átomos de H.

Por lo general, el efecto de los defectos —como las dislocaciones— sobre las propiedades de los semiconductores es perjudicial. Las dislocaciones y otros defectos (entre ellos otros defectos puntuales) pueden interferir con el movimiento de los portadores de carga eléctrica de los semiconductores. Esta es la razón por la que se asegura que las densidades de las dislocaciones del silicio monocristalino y otros materiales que se usan en aplicaciones ópticas y eléctricas son muy pequeñas. Los defectos puntuales también provocan el incremento de la resistividad de los metales.

Muchos materiales magnéticos pueden procesarse de tal manera que los límites de grano y otros defectos dificultan revertir su magnetización. Las propiedades magnéticas de muchas ferritas comerciales, que se usan en imanes para bocinas y dispositivos de redes de comunicación inalámbrica, dependen de manera crítica de la distribución de los distintos iones en los diferentes sitios cristalográficos en la estructura cristalina. Como ya se mencionó, la presencia de dominios afecta las propiedades de los materiales ferroeléctricos, ferromagnéticos y ferrimagnéticos.

2.4 Movimientos Atómicos

En las secciones anteriores se aprendió que los arreglos atómicos y iónicos en los materiales nunca son perfectos. También se explicó que la mayoría de los materiales de ingeniería no son elementos puros; son aleaciones o mezclas de distintos elementos o compuestos. Por lo general, los distintos tipos de átomos o iones se "difunden", o se mueven dentro del material, por lo que se minimizan las diferencias entre sus concentraciones. La *difusión* se refiere a un flujo neto observable de átomos u otras especies. Depende del gradiente de la concentración y la temperatura. Al igual que el agua fluye de una montaña hacia el mar para minimizar su energía potencial gravitacional, los átomos e iones tienen una tendencia a moverse de manera predecible para eliminar las diferencias entre las concentraciones y producir composiciones homogéneas que otorgan al material mayor estabilidad termodinámica. Se presenta una sinopsis de las leyes de Fick que describen cuantitativamente el proceso de difusión.

2.5 Difusión y Mecanismos de Difusión

2.5.1 Difusión

La *difusión* se refiere al flujo neto de cualquier especie, como iones, átomos, electrones, orificios y moléculas. La magnitud de este flujo depende del gradiente de concentración y de la temperatura. El proceso de difusión es de gran importancia para una gran variedad de importantes tecnologías actuales. Las tecnologías del procesamiento de materiales conceden gran importancia al control sobre la difusión de los átomos, iones, moléculas y otras especies. Existen cientos de aplicaciones y tecnologías que dependen del incremento o limitación de la difusión. Los siguientes son algunos ejemplos.

a) Carburización para endurecer la superficie de los aceros
b) Difusión de dopantes en dispositivos semiconductores
c) Cerámicas conductoras
d) Fabricación de botellas de plástico para bebidas
e) Oxidación del aluminio
f) Recubrimientos de barrera térmica para álabes de turbinas
g) Fibras ópticas y componentes microelectrónicos

2.5.2 Estabilidad de átomos e iones

Anteriormente se demostró que los materiales tienen imperfecciones y que pueden introducirse de manera deliberada en ellos; sin embargo, en realidad estas imperfecciones, e incluso los átomos o iones ubicados en sus posiciones normales en las estructuras cristalinas, no son estables o están en reposo. Por el contrario, los átomos o iones poseen energía térmica y se mueven. Por ejemplo, un átomo puede moverse de una localización normal en la estructura cristalina para ocupar una vacancia cercana. También puede trasladarse de un sitio intersticial a otro. Los átomos o iones pueden saltar a través de un límite de grano y provocar que dicho límite se mueva.

La capacidad de los átomos e iones para difundirse aumenta a medida que la temperatura, o energía térmica que poseen, se incrementa. La velocidad del movimiento de los átomos o iones se relaciona con la temperatura o energía térmica por medio de la *ecuación de Arrhenius*:

$$\text{Velocidad} = c_0 \exp\left(\frac{-Q}{RT}\right)$$

donde c_0 es una contante, R la constante de los gases $\left(2.987\,\frac{cal}{mol.K}\ o\ 8.314\,\frac{J}{mol.K}\right)$, T la temperatura absoluta (K) y Q la energía de activación (cal/mol o J/mol) que se requiere para provocar que se mueva un mol de átomos o iones. Esta ecuación se deduce a partir de un análisis estadístico de la probabilidad de que los átomos tendrán la energía adicional Q necesaria para provocar el movimiento. La velocidad está relacionada con el número de átomos que se mueven.

Se puede reescribir esta ecuación aplicando los logaritmos naturales de ambos lados:

$$\ln(\text{velocidad}) = \ln(c_0) - \frac{Q}{RT}$$

Si se grafica el ln(velocidad) de alguna reacción en función de 1/T (figura siguiente), la pendiente de la recta será -Q/R y, en consecuencia, puede calcularse Q. La constante c0 corresponde a la intersección en $\ln(c_0)$ cuando 1/T es cero.

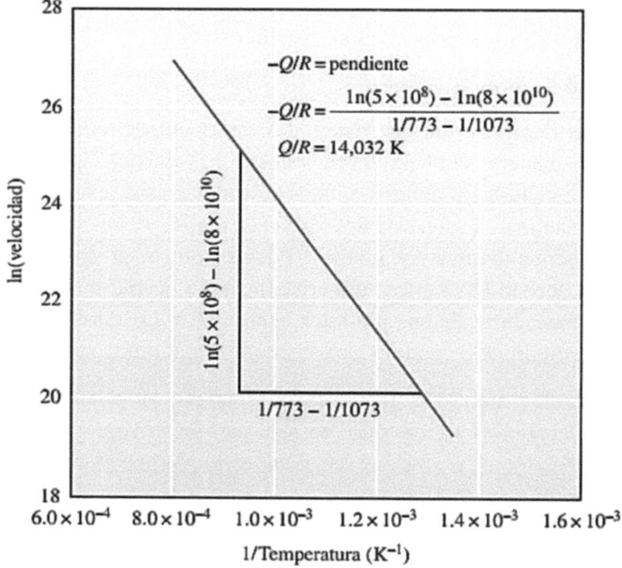

La gráfica de Arrhenius de ln(velocidad) en función de $1/T$ puede utilizarse para determinar la energía para activar una reacción. La información de esta figura se utiliza en el ejemplo siguiente.

Ejemplo 2.6

Energía de activación de los átomos intersticiales. Suponga que los átomos intersticiales se mueven de un sitio a otro a las velocidades de 5 x 10^8 saltos/s a 500°C y de 8 x 10^{10} saltos/s a 800°C. Calcule la energía de activación Q del proceso.

Solución:

La figura anterior representa la información en la gráfica del ln(velocidad) en función de 1/T; la pendiente de esta resta, como se calculó en la figura, da Q/R = 14,032 K, o Q = 2.167 x 10^5 J/mol. Asimismo, se podrían escribir dos ecuaciones simultáneas:

$$\text{Velocidad} = c_0 \exp\left(\frac{-Q}{RT}\right)$$

$$5 \times 10^8 \, \frac{\text{saltos}}{\text{s}} = c_0 \exp\left[\frac{-Q}{\left(8.314 \frac{\text{J}}{\text{mol} \cdot \text{K}}\right)(500 \, °C + 273 \, \text{K})}\right]$$

$$= c_0 \exp\left(-0.0001556 \, Q\right)$$

$$8 \times 10^{10} \, \frac{\text{saltos}}{\text{s}} = c_0 \exp\left[\frac{-Q}{\left(8.314 \frac{\text{J}}{\text{mol} \cdot \text{K}}\right)(800 \, °C + 273 \, \text{K})}\right]$$

$$= c_0 \exp\left(-0.0001121 \, Q\right)$$

Observe que las temperaturas se convirtieron a K. Dado que

$$c_0 = \frac{5 \times 10^8}{\exp\left(-0.0001556 \, Q\right)} \left(\frac{\text{saltos}}{\text{s}}\right)$$

entonces

$$8 \times 10^{10} = \frac{(5 \times 10^8) \exp\left(-0.0001121 \, Q\right)}{\exp\left(-0.0001556 \, Q\right)}$$

$$160 = \exp\left[(0.0001556 - 0.0001121)Q\right] = \exp\left(0.0000435 \, Q\right)$$

$$\ln(160) = 5.075 = 0.0435 \, Q$$

$$Q = \frac{5.075}{0.0000435} = 1.167 \times 10^5 \, \text{J/mol}$$

2.5.3 Mecanismos de difusión

En los materiales existen defectos conocidos como vacancias. El desorden que crean las vacancias (es decir, el aumento de entropía) ayuda a minimizar la energía libre y, por lo tanto, incrementa la estabilidad termodinámica de un material cristalino. En los materiales que contienen vacancias, los átomos se mueven o "saltan" de una posición de red a otra. Este proceso, conocido como autodifusión, puede detectarse utilizando trazadores radiactivos. Como ejemplo, suponga que se introduce un isótopo radiactivo de oro (Au^{198}) en la superficie del oro estándar (Au^{197}). Pasado un tiempo, los átomos radiactivos se moverán hacia el oro estándar. Después, los átomos radiactivos se distribuirán de manera uniforme a lo largo de toda la muestra de oro estándar. Aunque la autodifusión se lleva a cabo de manera continua en todos los materiales, su efecto sobre el comportamiento del material por lo general no es significativo.

Interdifusión

La difusión de átomos distintos también se lleva a cabo en los materiales (figura siguiente). Considere una hoja de níquel unida a una hoja de cobre. A altas temperaturas, los átomos de níquel se difunden de manera gradual en el cobre mientras que los de cobre migran al níquel. De nuevo, los átomos de níquel y de cobre se distribuirán de manera uniforme con el transcurso del tiempo. A la difusión de átomos distintos en direcciones diferentes se le conoce como *interdifusión*.

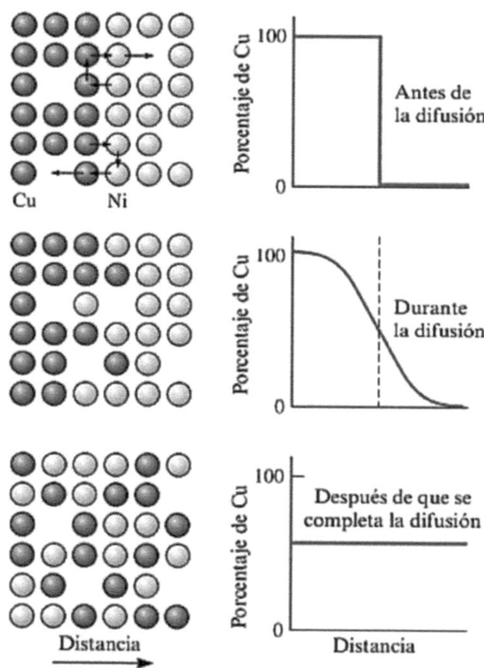

Difusión de átomos de cobre en níquel. Con el tiempo, los átomos de cobre se distribuyen de manera aleatoria a lo largo del níquel.

Existen dos mecanismos importantes por medio los cuales los átomos o iones pueden difundirse (figura de abajo): difusión por vacancia y difusión intersticial.

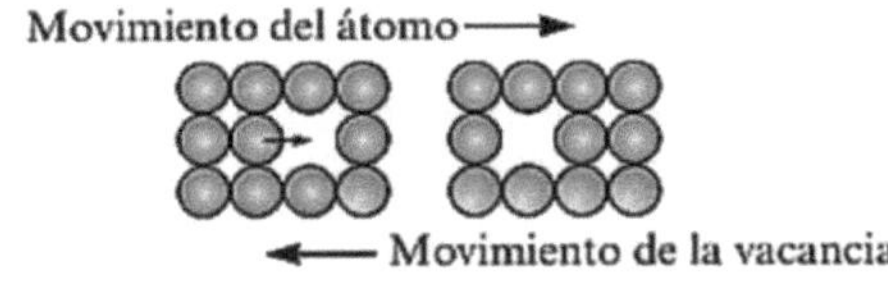

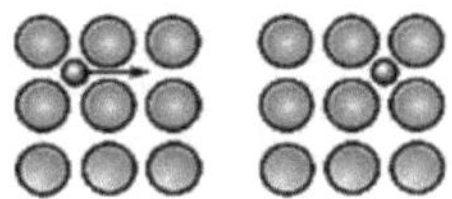

Mecanismos de difusión en los materiales: *a*) difusión por vacancia o átomos sustitucionales y *b*) difusión intersticial.

Difusión por vacancia

Cuando se produce la autodifusión y la difusión que involucran átomos sustitucionales, un átomo deja su sitio de red para llenar una vacancia cercana (por lo tanto, crea una nueva vacancia en el sitio de red original). A medida que continúa la difusión, se tienen contraflujos de átomos y vacancias, a lo que se le llama ***difusión por vacancia***. El número de vacancias, que aumenta a medida que se incrementa la temperatura, influye en la magnitud de la autodifusión y difusión de los átomos sustitucionales.

Difusión intersticial

Cuando en la estructura cristalina se encuentra un átomo o ion intersticial pequeño, el átomo o ion se mueve de un sitio intersticial a otro. No se requieren vacancias para que se concrete este mecanismo. En parte debido a que hay muchos más sitios intersticiales que vacancias, la ***difusión intersticial*** se lleva a cabo con mucha mayor facilidad que la difusión por vacancia. Los átomos intersticiales, relativamente más pequeños, se difunden más rápido.

2.5.4 Energía de activación de la difusión

Mientras se difunden, los átomos deben abrirse camino a través de los átomos que los rodean para alcanzar su nuevo sitio. Para que esto suceda, debe aplicarse energía con el fin de permitir que el átomo se mueva a su nueva posición, como se muestra de manera esquemática en la difusión por vacancia e intersticial de la figura siguiente. Al principio, el átomo está en un lugar de baja energía relativamente estable. Para moverse a una nueva localización, debe superar una barrera de energía, que es la energía de activación Q. La energía térmica suministra a los átomos e iones la energía necesaria para superar esta barrera. Observe que, con frecuencia, se utiliza el símbolo Q para denotar las energías de activación de distintos procesos (velocidad a la que saltan los átomos, una reacción química, la energía necesaria para producir vacancias, etc.), y se debe tener cuidado de comprender el proceso o fenómeno específico al que se está aplicando el término general de energía de activación Q, ya que el valor de ésta depende del fenómeno específico.

Por lo general, se requiere menos energía para forzar un átomo intersticial a través de los átomos circundantes; en consecuencia, las energías de activación que se requieren para la difusión intersticial son menores que para la difusión por vacancia.

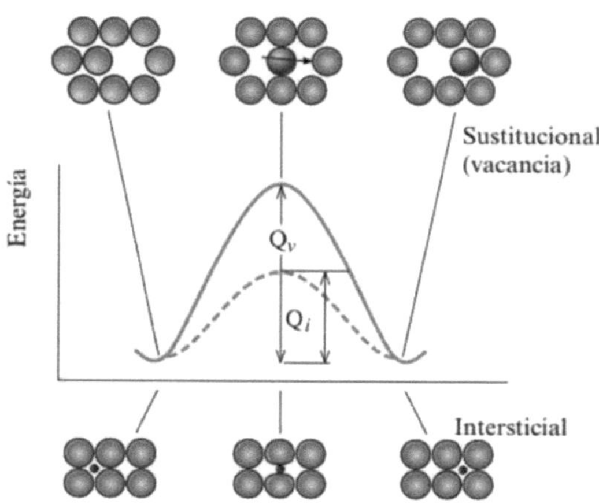

Por lo general, se requiere menos energía para forzar un átomo intersticial a través de los átomos circundantes; en consecuencia, las energías de activación que se requieren para la difusión intersticial son menores que para la difusión por vacancia.

En la tabla siguiente se muestran los valores comunes de las energías de activación para la difusión de distintos átomos en diferentes materiales anfitriones. Se utiliza el término par de difusión para indicar una combinación de un átomo de un elemento dado (por ejemplo, carbono) que se difunde en un material anfitrión (por ejemplo, Fe CCCu). Si la energía de activación es baja, la difusión será fácil. En la autodifusión, la energía de activación es igual a la energía necesaria para crear una vacancia y provocar el movimiento del átomo. La tabla también muestra los valores de D_0, este es el coeficiente de difusión cuando $1/T = 0$.

Datos de difusión de algunos materiales

Par de difusión	Q (kJ/mol)	D_0 (m²/s) × 10⁴
Difusión intersticial:		
C en hierro CCCa	137.7	0.23
C en hierro CCCu	87.45	0.011
N en hierro CCCa	144.7	0.0034
N en hierro CCCu	76.6	0.0047
H en hierro CCCa	43.1	0.0063
H en hierro CCCu	15.1	0.0012

Datos de difusión de algunos materiales

Par de difusión	Q (kJ/mol)	D_0 (m²/s) × 10⁴
Autodifusión (difusión por vacancia):		
Pb en Pb CCCa	108.4	1.27
Al en Al CCCa	134.7	0.10
Cu en Cu CCCa	206.3	0.36
Fe en Fe CCCa	279.1	0.65
Zn en Zn CH	91.2	0.1
Mg en Mg CH	134.7	1.0
Fe en Fe CCCu	246.4	4.1
W en W CCCu	600	1.88
Si en Si (covalente)	460.3	1800.0
C en C (covalente)	682.0	5.0
Difusión heterogénea (difusión por vacancia):		
Ni en Cu	242.3	2.3
Cu en Ni	257.3	0.65
Zn en Cu	183.7	0.78
Ni en hierro CCCa	267.8	4.1
Au en Ag	190.4	0.26
Ag en Au	168.2	0.072
Al en Cu	165.3	0.045
Al en Al_2O_3	477	28.0
O en Al_2O_3	636	1900.0
Mg en MgO	330.5	0.249
O en MgO	343.5	0.000043

Información a partir de varias fuentes, entre ellas, Adda, Y. y Philibert, J., La Diffusion dans les Solides, vol. 2, 1966.

2.5.5 Velocidad de difusión [primera ley de Fick]

La velocidad a la que los átomos, iones, partículas u otras especies se difunden en un material puede medirse por medio del *flujo J*. Aquí se trata principalmente con la difusión de iones o átomos. El flujo J se define como el número de átomos que pasan a través de un plano de unidad de área por unidad de tiempo (figura de abajo). La *primera ley de Fick* explica el flujo neto de los átomos:

$$J = -D\,\frac{dc}{dx}$$

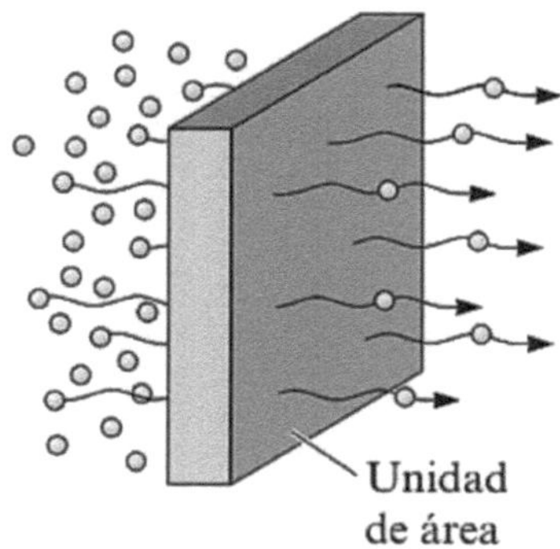

El flujo durante la difusión se define como el número de átomos que pasan a través de un plano de unidad de área por unidad de tiempo.

donde J es el flujo, D la ***difusividad*** o ***coeficiente de difusión*** (m^2/s) y dc/dx el ***gradiente de concentración*** $\left(\text{átomos}/m^3.m\right)$. Con base en la situación, la concentración puede expresarse como porcentaje atómico (%at), porcentaje en peso (%pe), porcentaje molar (%mol), fracción atómica o fracción molar. Las unidades del gradiente de concentración y el flujo también cambiarán de manera acorde.

Gradiente de concentración

El gradiente de concentración muestra cómo varía la composición del material con la distancia: Δc es la diferencia entre la concentración sobre la distancia Δx (figura siguiente). Puede crearse un gradiente de concentración cuando dos materiales de distinta composición se ponen en contacto, cuando un gas o un líquido entran en contacto con un material sólido, cuando se producen estructuras sin equilibrio en un material debido al procesamiento y a partir de un anfitrión u otras fuentes.

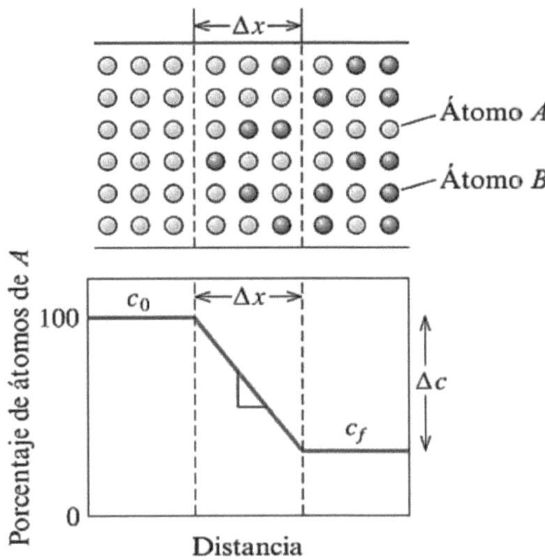

Ilustración del gradiente de concentración

Ejemplo 2.7

Difusión del níquel en el óxido de magnesio (MgO). Se deposita una capa de 0.5 mm de óxido de magnesio (MgO) entre capas de níquel y tantalio para formar una barrera a la difusión que prevenga reacciones entre los dos metales (figura mostrada). A 1400°C, los iones níquel se difunden a través de la cerámica de MgO al tantalio. Determine el número de iones níquel que pasan a través del MgO por segundo. A 1400°C, el coeficiente de difusión de los iones níquel en el MgO es de 9 x 10^{-15} m^2/s y el parámetro de red del níquel a 1400°C es de 0.36 nm.

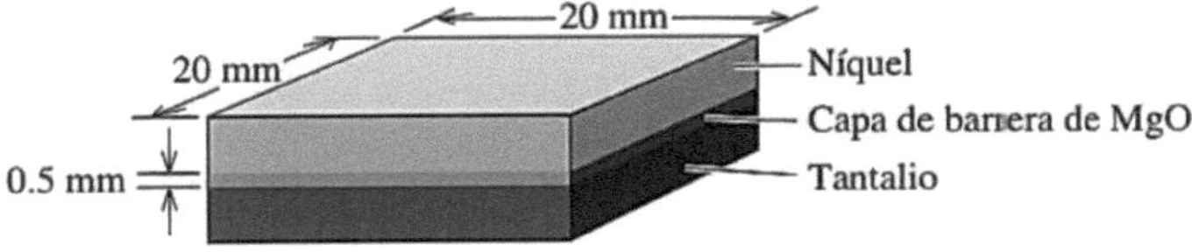

Solución:

La composición del níquel en la interfase Ni/MgO es de 100% de Ni

$$c_{Ni/MgO} = \frac{4 \text{ átomos de Ni}}{(3.6 \times 10^{-10} \text{ m})^3} = 8.573 \times 10^{28} \frac{\text{átomos de Ni}}{\text{m}^3}$$

La composición del níquel en la interfase Ta/MgO es de 0% de Ni. Por lo tanto, el gradiente de concentración es

$$\frac{\Delta c}{\Delta x} = \frac{0 - 8.573 \times 10^{28} \frac{\text{átomos de Ni}}{\text{m}^3}}{0.5 \times 10^{-3} \text{ nm}} = -1.715 \times 10^{32} \frac{\text{átomos de Ni}}{\text{m}^3 \cdot \text{m}}$$

El flujo de los átomos de níquel a través de la capa de MgO es

$$J = -D\frac{\Delta c}{\Delta x} = -(9 \times 10^{-16} \text{ m}^2/\text{s})\left(-1.715 \times 10^{32} \frac{\text{átomos de Ni}}{\text{m}^3 \cdot \text{m}}\right)$$

$$J = 1.543 \times 10^{17} \frac{\text{átomos de Ni}}{\text{m}^2 \cdot \text{s}}$$

El número total de átomos de níquel que atraviesan la interfase de 20 mm × 20 mm por segundo es

$$\text{Total de átomos de Ni por segundo} = (J)(\text{Área}) = \left(1.543 \times 10^{17} \frac{\text{átomos de Ni}}{\text{m}^2 \cdot \text{s}}\right)(20 \times 10^{-3} \text{ m})(20 \times 10^{-3} \text{ m})$$

$$= 6.17 \times 10^{13} \text{ átomos de Ni/s}$$

Aunque esta parece ser muy rápida, en un segundo el volumen de los átomos de níquel eliminados de la interfase de Ni/MgO es

$$\frac{6.17 \times 10^{13} \frac{\text{átomos de Ni}}{\text{s}}}{8.573 \times 10^{28} \frac{\text{átomos de Ni}}{\text{m}^3}} = 7.2 \times 10^{-19} \frac{\text{m}^3}{\text{s}}$$

El grosor en que se reduce la capa de níquel cada segundo es

$$\frac{7.2 \times 10^{-19} \frac{\text{m}^3}{\text{s}}}{(0.02 \text{ m})(0.02 \text{ m})} = 1.8 \times 10^{-12} \frac{\text{m}}{\text{s}}$$

Para un micrómetro (10^{-6} m) del níquel que se eliminará, el tratamiento requiere

$$\frac{10^{-6} \text{ m}}{1.8 \times 10^{-12} \frac{\text{m}}{\text{s}}} = 556{,}000 \text{ s} = 154 \text{ h}$$

2.5.6 Factores que afectan la difusión

Los siguientes factores afectan la difusión de los átomos o iones.

Temperatura y coeficiente de difusión

En gran medida, la cinética de la difusión depende de la temperatura. El coeficiente de difusión D se relaciona con la temperatura por medio de una ecuación de tipo Arrhenius,

$$D = D_0 \exp\left(\frac{-Q}{RT}\right)$$

donde R la constante de los gases $\left(2.987\,\frac{cal}{mol.K}\ o\ 8.314\,\frac{J}{mol.K}\right)$, T la temperatura absoluta (K) y Q la energía de activación (cal/mol o J/mol), D_0 es una contante similar a c_0

Capítulo III
Propiedades generales de los materiales metálicos

Introducción

Uno de los objetivos de este curso es dar a conocer al estudiante la existencia de una relación entre la estructura de los materiales y sus propiedades (físicas, químicas, mecánicas y tecnológicas). Si se conocen las diferentes estructuras que pueden adoptar los materiales cristalinos, así como los defectos que pueden existir en esa estructura cristalina, puede estudiarse su influencia en los procesos de deformación plástica, endurecimiento y ablandamiento o transformación de fase, por ejemplo. El resultado final es una variación en las propiedades del material.

Para poder abordar estos temas es necesario partir de un sólido conocimiento de las diferentes propiedades que puede presentar un material. Dado que este curso está destinado especialmente a estudiantes de ingeniería mecánica, las propiedades mecánicas son. en la mayoría de las ocasiones, las que se habrán de tener en cuenta en el momento del diseño y el cálculo de estructuras.

El conocimiento de las propiedades mecánicas de los materiales permite determinar la combinación de propiedades más deseable para su uso en aplicaciones estructurales o en procesos de conformado. predecir la respuesta de un material en servicio (resistencia de materiales, cálculo de estructuras. estudios de tolerancia al daño...), y seleccionar el material idóneo para cada aplicación.

3.1 Propiedades físicas

Al analizar las diferentes propiedades de un material, es habitual distinguir entre propiedades mecánicas, físicas, químicas y, en ocasiones, tecnológicas.

Se denominan ***propiedades mecánicas*** a aquellas propiedades inherentes a un material relacionadas con la reacción de este en el momento en que le es aplicada una fuerza. Describen la forma en que el material soporta las fuerzas aplicadas, incluyendo fuerzas de tracción, compresión, flexión, torsión, cizalladura, impacto, variables o no, y tanto a alta como a baja temperatura.

Las ***propiedades físicas*** se manifiestan en procesos físicos. Pueden dividirse en eléctricas, magnéticas, térmicas y ópticas, en función del tipo de excitación a que se someta el material. Describen características como el color, índice de refracción, densidad, conductividad eléctrica o térmica, capacidad calorífica, peso específico, punto de fusión, magnetismo, etc. Las propiedades físicas de los metales son aquellas que logran cambiar la materia sin alterar su composición; como ocurre cuando moldeas un trozo de plastilina, sus átomos no se ven alterados de ninguna manera, pero exteriormente cambia su forma.

Los metales suelen ser duros y resistentes. Aunque existen ciertas variaciones de uno a otro, en general las principales propiedades de los metales son: dureza o resistencia a ser rayados; resistencia longitudinal o resistencia a la rotura; elasticidad o capacidad de volver a su forma original después de sufrir deformación; maleabilidad o posibilidad de cambiar de forma por la acción del martillo; resistencia a la fatiga o capacidad de soportar una fuerza o presión continuadas y ductilidad o posibilidad de deformarse sin sufrir roturas.

Las ***propiedades químicas*** se manifiestan durante una reacción química que afecta al material. Están relacionadas, por ejemplo, con el comportamiento a corrosión de los materiales metálicos, o la estabilidad ambiental y la durabilidad de los polímeros. Las propiedades químicas de los metales son aquellas propiedades que se hace evidente durante una reacción química (que existe un cambio); es decir, cualquier cualidad que puede ser establecida solamente al cambiar la identidad química de una sustancia.

Los átomos de los metales tienen 1, 2 o 3 electrones en su último nivel de energía. Los elementos que forman los grupos IA, IIA, IIIA son metálicos, por lo tanto, los elementos del grupo IA tienen en su último nivel de energía un electrón, los del grupo IIA tienen dos electrones y los del IIIA tienen tres electrones. Sus átomos pueden perder los electrones de su último nivel de energía y, al quedar con más cargas positivas forman iones positivos llamados cationes. Sus moléculas son monoatómicas; es decir, sus moléculas están formadas por un solo átomo (Al, Cu, Ca, Mg, Au).

Las ***propiedades tecnológicas*** son un conjunto de propiedades relacionadas con el comportamiento del material durante los procesos de conformado y fabricación. Entre ellas estarían la ductilidad, maleabilidad, colabilidad. soldabilidad, maquinabilidad, forjabilidad, o dureza. Algunas de las propiedades tecnológicas son propiedades mecánicas, y otras pueden ser propiedades físicas.

En resumen, podemos distinguir las siguientes *propiedades fisicoquímicas* de los metales:

- Peso específico.
- Punto de fusión.
- Calor específico.
- Calor latente de fusión.
- Dilatación y contracción.
- Extensión.
- Impenetrabilidad.
- Divisibilidad.
- Inercia.
- Resistencia a la oxidación.
- Resistencia a la corrosión.
- Aleabilidad.
- Pesantez.
- Fluencia.
- Magnetismo.
- Conductividad eléctrica.
- Conductividad térmica.

Podemos distinguir las siguientes *propiedades mecánicas* de los metales:

- Dureza.
- Tenacidad.
- Fragilidad.
- Acritud.
- Resistencia.
- Resiliencia.
- Fatiga.
- Elasticidad.
- Plasticidad.

Podemos distinguir las siguientes *propiedades tecnológicas* de los metales:

- Ductilidad.
- Maleabilidad.

- Colabilidad.
- Maquinabilidad.
- Soldabilidad.
- Templabilidad.
- Forjabilidad.

En las secciones posteriores se ampliará la información de estas propiedades.

3.2 Propiedades mecánicas.

La medición de las propiedades mecánicas es un factor esencial para determinar la adaptabilidad de un material específico para una función específica. Sin embargo, cuando las propiedades son mecidas por diferentes investigadores en diferentes laboratorios, existe un potencial de inconsistencias en las técnicas y en los resultados. Para reducir este problema, se han establecido normas para llevar a cabo los ensayos, medir los datos y reportar los resultados.

La ***ASTM International***, antes conocida como la American Society for Testing and Materials (ASTM), ha publicado más de 12 000 normas para las pruebas de materiales. Aunque el cumplimiento de estas normas es voluntario, éstas proporcionan una descripción detallada de los procedimientos para las pruebas que aseguran que los resultados de diferentes laboratorios sean directamente comparables. Las normas ASTM se pueden encontrar y comprar en línea (***www.astm.org***), a través de un libro anual de 77 volúmenes sobre normas, o a través de la compilación en CD-ROM. En la tabla siguiente se muestra una lista representativa sobre las normas para las técnicas de ensayo.

Normas ASTM más representativas para los métodos de ensayo	
Tipo de ensayo	*Norma ASTM correspondiente*
Tracción, superficies de concreto	C1355
Tracción, materiales metálicos	E8M
Tracción, compuestos de matriz metálica	D3552
Tracción, compuestos de matriz polimérica	D4762
Tracción, fibras textiles sencillas	D3822
Compresión, metales	E209
Compresión, cerámicas de fibra reforzada	WK3484
Compresión concreto	C116
Compresión, compuestos	D3410
Ensayo de plegado, cerámicas	C1421
Dureza Brinell	E10
Dureza Rockwell	E18
Fluencia, cerámicas	C1291
Fractura de fluencia, metales	E139
Crecimiento de una grieta por fluencia, metales	E1457
Impacto Izod, plásticos mellados	D256
Impacto de Charpy, plásticos mellados	D6110
Prueba de fatiga en materiales homogéneos	E606

Las normas ASTM inician con un comentario acerca de su campo, seguidas por una lista de documentos referidos. Definen la terminología y resumen los métodos de ensayo incluyendo su significado, uso e interferencias. La mayoría incluyen una descripción detallada de aparatos de ensayo con ilustraciones. También se proporcionan las instrucciones para preparar especímenes de prueba, la calibración del equipo y el acondicionamiento del ambiente. Asimismo, se proporcionan los procedimientos experimentales detallados y las instrucciones para realizar los cálculos.

Esta sección se enfoca en los *ocho ensayos* más comunes e importantes realizados en una amplia variedad de materiales: *ensayo de tracción, ensayo de compresión, ensayo de plegado, ensayo de dureza, ensayo de fluencia, ensayo de impacto, ensayo de fatiga y el envejecimiento acelerado.* Aun cuando en estos ocho ensayos fundamentales existen infinidad de variaciones en la operación dependiendo del equipo disponible, del material a ensayar y de muchos otros factores. Para cada método de ensayo, el principio de operación básico se describe junto con los comentarios sobre lo que dicen los datos acerca del material. A continuación, se proporciona una breve sinopsis de cada ensayo. Posteriormente se amplía la información de cada uno.

1. Ensayo de tracción. El material de muestra se asegura entre un par de abrazaderas. La abrazadera superior está sujeta a una barra fija y a una celda de carga. La abrazadera inferior está sujeta a una barra móvil que lentamente empuja el material hacia abajo. La celda de carga registra la fuerza y el extensómetro registra el alargamiento de la muestra.

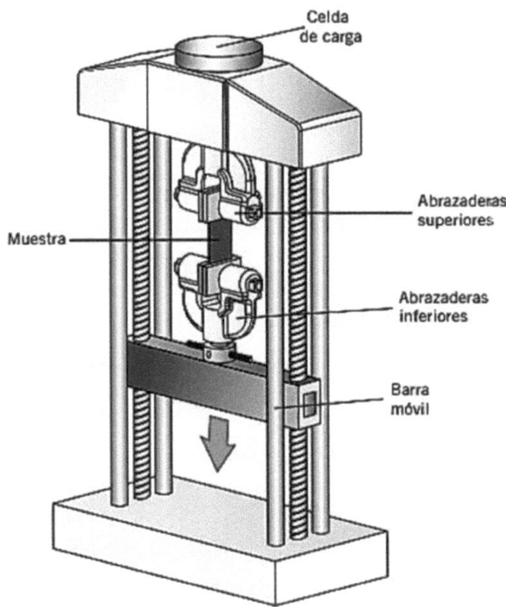

3. Ensayo de compresión. Utiliza el mismo aparato para el ensayo de tracción, pero en vez de separar la muestra, la muestra está sujeta a una carga aplastante. Varios materiales muestran módulos y resistencias de compresión y tracción similares, por lo que las pruebas de compresión muchas veces no se realizan, excepto en casos en los que se espera que el material soporte grandes fuerzas de compresión. Sin embargo, la resistencia a la compresión de muchos polímeros y compuestos son significativamente diferentes de su resistencia a la tracción.

3. Ensayo de plegado. Se utiliza para probar materiales frágiles. En el momento que la muestra comienza a deformarse bajo una fuerza aplicada, la parte inferior experimenta una tensión mientras que la parte superior experimenta una compresión.

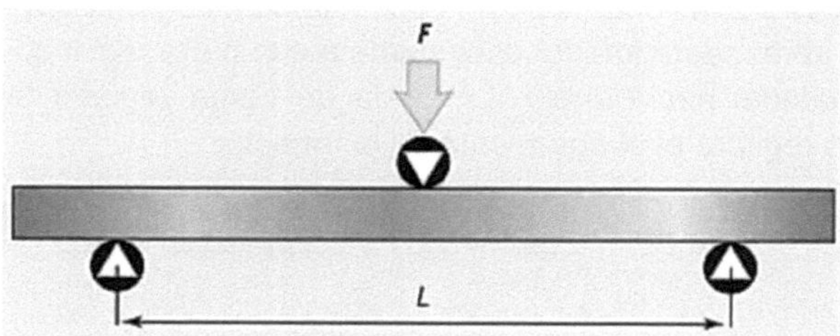

4. Ensayo de dureza. Existen docenas de técnicas para medir la dureza, pero la más común es el ensayo Brinell, en donde una esfera de carburo de tungsteno de 10 mm de diámetro se empuja hacia la superficie del material de ensayo utilizando una fuerza controlada. El tamaño de la hendidura se usa para determinar la dureza del material.

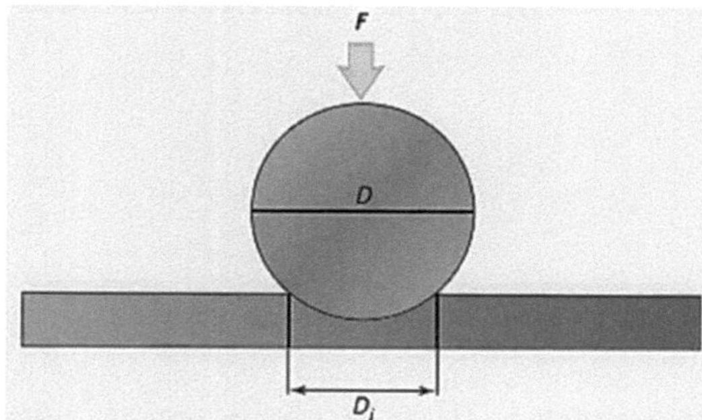

5. Ensayo de fluencia. La fluencia se refiere a la deformación plástica de un material con el paso del tiempo (generalmente a elevadas temperaturas). Cuando una tensión continua se aplica al material a elevadas temperaturas, se podrá estirar hasta fallar bajo la resistencia a la tensión. Finalmente, la fluencia ocurre debido a dislocaciones del material. Muchos materiales, incluyendo algunos polímeros y soldaduras, experimentan fluencia a temperaturas relativamente bajas.

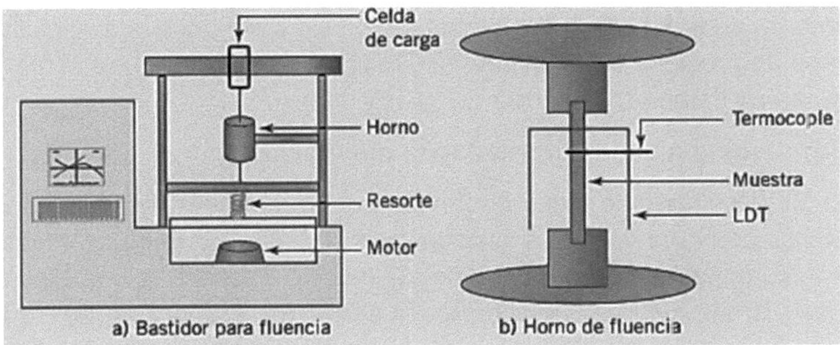

6. Ensayo de impacto. La tenacidad define la resistencia del material a un golpe. En un ensayo de impacto, un martillo se asegura a un péndulo a una altura inicial y es liberado. La orientación de la muestra varía dependiendo de las técnicas específicas del ensayo.

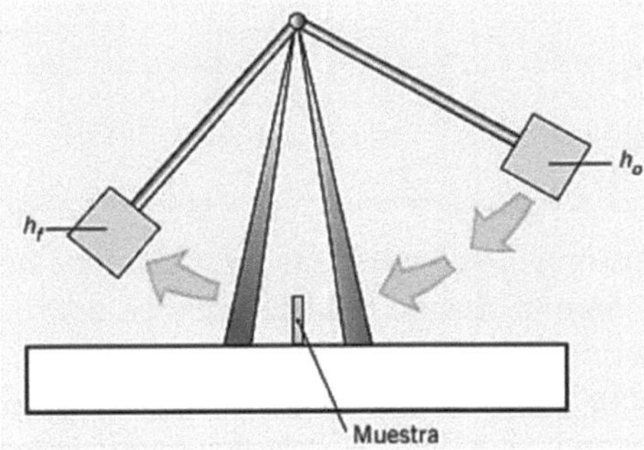

7. Ensayo de fatiga. Un material se pasa a través de varios ciclos de tracción y compresión bajo la resistencia a la compresión hasta que finalmente resulte la falla.

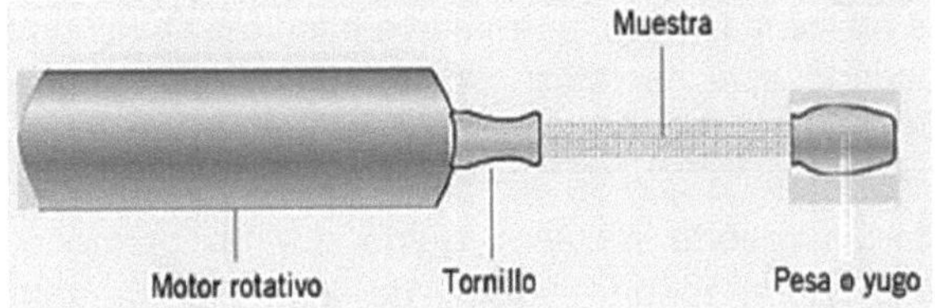

8. Estudio de envejecimiento acelerado. El horizonte de tiempo se acorta al incrementar la intensidad de la exposición a otras variables como la temperatura. La meta de un estudio de envejecimiento acelerado es utilizar un tiempo de propiedad equivalente (EPT) para lograr que ocurra el mismo proceso en un tiempo más corto.

3.3.1 Terminología de las propiedades mecánicas

Existen distintos tipos de fuerzas o "esfuerzos" que se encuentran cuando se estudian las propiedades mecánicas de los materiales. En general, el esfuerzo se define como la fuerza que actúa por unidad de área sobre la que se aplica la fuerza. En la figura siguiente se ilustran los **esfuerzos de tensión, compresión y corte**. La **deformación unitaria** se define como el cambio en dimensión por unidad de longitud. Por lo general, el esfuerzo se expresa en psi (libras por pulgada cuadrada) o en Pa (pascales o newtons por metro cuadrado). La deformación unitaria no tiene dimensiones y con frecuencia se expresa como pulg/pulg o cm/cm.

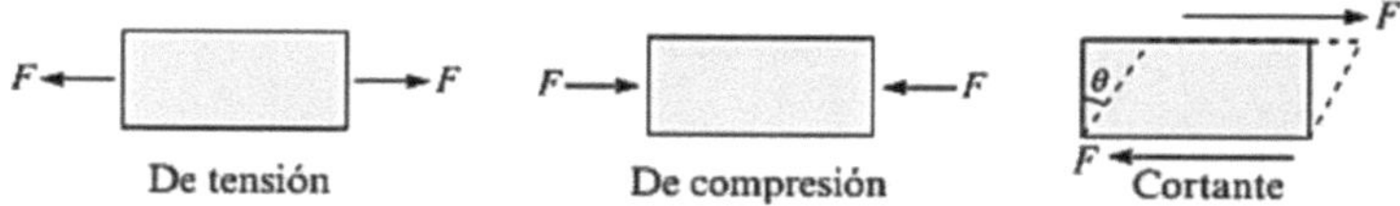

Esfuerzos de tensión, compresión y corte. F es la fuerza aplicada.

Los esfuerzos de tensión y de compresión son esfuerzos normales. Estamos frente a un esfuerzo normal cuando la fuerza que se aplica actúa de manera perpendicular al área de interés. La tensión ocasiona una elongación en la dirección de la fuerza aplicada, mientras que la compresión provoca un acortamiento. Se presenta un esfuerzo cortante cuando la fuerza que se aplica actúa en una dirección paralela al área de interés.

La **deformación elástica** se define como la deformación recuperable por completo que resulta a partir de que se aplica un esfuerzo. La deformación es "elástica" si se desarrolla de manera instantánea (es decir, que ocurre tan pronto como se aplica la fuerza), permanece mientras se aplique el esfuerzo y se recupera cuando este se retira. Un material sujeto a una deformación elástica no muestra ninguna deformación permanente (es decir, regresa a su forma original después de que se elimina la fuerza o esfuerzo). Considere el estiramiento de un resorte metálico rígido por un pequeño tiempo para después soltarlo. Si el resorte vuelve de inmediato a sus dimensiones originales, la deformación desarrollada en el resorte fue elástica.

En muchos materiales, el esfuerzo y la deformación elásticos se relacionan linealmente. La pendiente de una de curva de esfuerzo de tensión-deformación en el régimen lineal define el *módulo de Young o módulo de elasticidad (E)* de un material (figura siguiente). Las unidades de E se miden en libras por pulgada cuadrada (psi) o en pascales (Pa) (las mismas que las del esfuerzo).

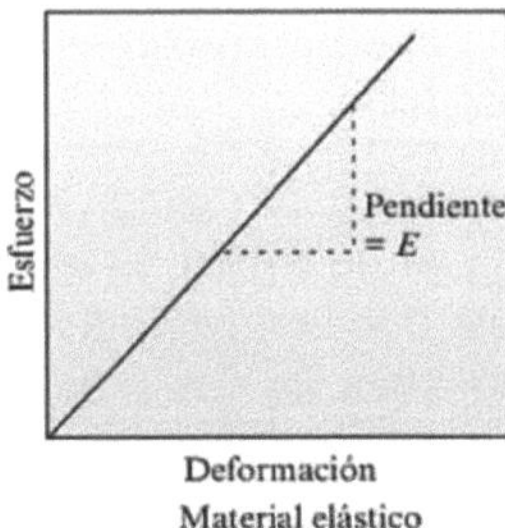

Ilustración que muestra cómo se define el módulo de Young en el caso de un material elástico.

Se observan deformaciones elásticas grandes en los elastómeros (por ejemplo, el hule natural, las siliconas), en cuyos casos la relación entre la deformación elástica y el esfuerzo es no lineal. En los *elastómeros*, la gran deformación elástica se relaciona con el enrollado y desenrollado de moléculas parecidas a resortes. Cuando se trabaja con estos materiales, se utiliza la pendiente de la tangente en cualquier valor dado de esfuerzo o deformación y se considera que es una cantidad variable que reemplaza al módulo de Young (figura siguiente).

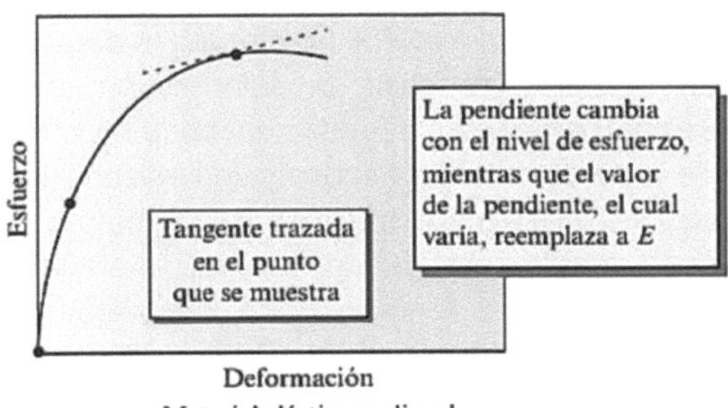

En el caso de los materiales no lineales, se utiliza la pendiente de una tangente como una cantidad variable que reemplaza al módulo de Young.

El *módulo cortante (G)* se define como la pendiente de la parte lineal de la curva esfuerzo cortante-deformación cortante.

A la *deformación plástica* o permanente de un material se le conoce como deformación plástica. En este caso, cuando se elimina el esfuerzo, el material no vuelve a su forma original. ¡Una abolladura en un automóvil es una deformación plástica! Observe que la palabra "plástica" no se refiere aquí a la deformación de un material plástico (polimérico), sino a la deformación permanente de cualquier material.

La rapidez a la que se desarrolla la deformación de un material se define como la *rapidez de deformación*. Las unidades de la rapidez de deformación son s^{-1}. Más adelante se aprenderá que la rapidez a la que un material se deforma es importante desde la perspectiva de sus propiedades mecánicas. Muchos materiales considerados como dúctiles se comportan como sólidos quebradizos cuando su rapidez de deformación es alta. El Silly Putty® (un polímero de silicona) es un ejemplo de tal material. Cuando la rapidez de deformación es baja, el Silly Putty® puede mostrar una ductilidad significativa. Cuando se estira de manera rápida (a rapidez de deformación alta), no se permite el desenredado ni la elongación de las moléculas grandes de polímero y, por lo tanto, el material se parte en dos. Cuando los materiales se someten a alta rapidez de deformación, este tipo de carga se conoce como carga de impacto.

Un *material viscoso* es aquel en el que se desarrolla la deformación durante un tiempo y el material no vuelve a su forma original después de que se elimina el esfuerzo. El desarrollo de la deformación toma tiempo y no está en fase con el esfuerzo aplicado. También, el material permanecerá deformado cuando se elimine el esfuerzo aplicado (es decir, la deformación será plástica). Un material *viscoelástico* (o *anelástico*) puede concebirse como un material con una respuesta entre la de un material viscoso y uno elástico. Por lo general, el término "anelástico" se utiliza para los metales, mientras que el término "viscoelástico" por lo general se asocia con los materiales poliméricos. Numerosos plásticos (sólidos y fundidos) son viscoelásticos. Un ejemplo común de un material viscoelástico es el Silly Putty®.

En el caso de un material viscoelástico, el desarrollo de una deformación permanente es similar al de un material viscoso. A diferencia de este último, cuando se elimina el esfuerzo aplicado, parte de la deformación del material se recuperará después de un tiempo. En los materiales viscoelásticos que se mantienen bajo una deformación constante, si se espera, el nivel de la deformación disminuye en un cierto periodo. A esto se le conoce como *relajación del esfuerzo*. La recuperación de la deformidad y la relajación del esfuerzo son términos distintos y no deben confundirse. Un ejemplo común de relajación del esfuerzo lo proporcionan las cuerdas de nailon en una raqueta de tenis. Se sabe que el nivel de esfuerzo, o la "tensión", como le llaman los jugadores, disminuye con el tiempo.

3.3.2 Ensayo de tracción (Prueba de tensión)

Los ensayos de tracción ofrecen una riqueza de información acerca del material. Aunque una variedad de normas específicas de la ASTM regula los procedimientos exactos de ensayos para las diferentes clases de materiales, todos utilizan los mismos principios básicos de operación.

En la figura siguiente se muestra una configuración de la prueba; un espécimen común tiene un diámetro de 13.83 mm y una longitud calibrada de 50.8 mm. El espécimen se coloca en la máquina de pruebas y se aplica una fuerza F, llamada *carga*. Con frecuencia se usa una máquina universal de prueba en la que pueden llevarse a cabo pruebas de tensión y compresión. Además, se recurre a un deformímetro o extensómetro para medir la cantidad que se estira el espécimen entre las marcas calibradas cuando se aplica la fuerza. Por lo tanto, se mide el cambio en longitud del espécimen (Δl) con respecto a la longitud original (l_0). La información que concierne a la resistencia, al módulo de Young, y a la ductilidad de un material puede obtenerse a partir de tal prueba de tensión. Por lo general, se realizan pruebas de tensión sobre metales, aleaciones y plásticos.

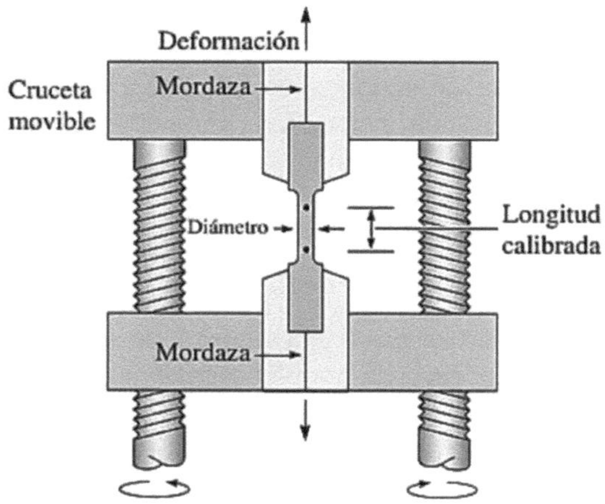

Se aplica una fuerza unidireccional a un espécimen en la prueba de tensión por medio de la cruceta movible. El movimiento de la cruceta puede llevarse a cabo con el uso de tornillos o un mecanismo hidráulico.

La figura siguiente muestra de manera cualitativa las curvas de esfuerzo-deformación unitaria de un a) metal, b) un material termoplástico, c) un elastómero y d) una cerámica (o vidrio) comunes, todos bajo velocidades de deformación relativamente pequeñas. Las escalas en esta figura son cualitativas y distintas según cada material.

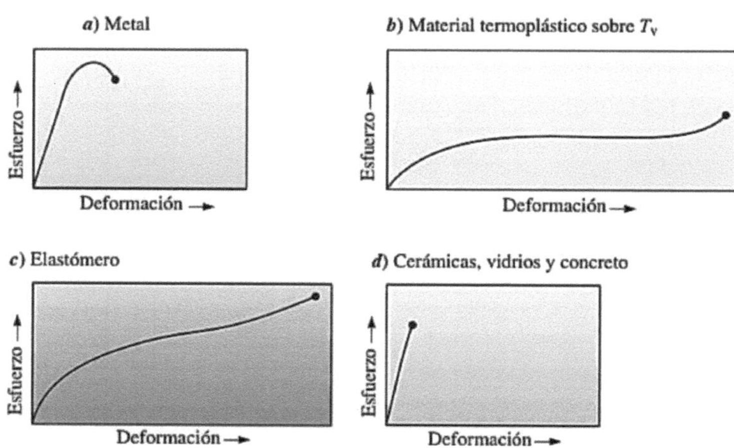

Curvas de esfuerzo-deformación bajo tensión de distintos materiales. Observe que estas gráficas son cualitativas. Las magnitudes de los esfuerzos y las deformaciones no deben compararse. Las fallas ocurren en los puntos que señalan los círculos.

Cuando se lleva a cabo una prueba de tensión, la informac ón que se registra incluye la carga o fuerza como una función del cambio en longitud (Δl), como se muestra en la tabla siguiente en el caso de una barra de prueba de aleación de aluminio. Después, esta información se convierte en esfuerzo y deformación. Posteriormente se analiza la curva esfuerzo-deformación unitaria para inferir las propiedades de los materiales (por ejemplo, el módulo de Young, la resistencia a la fluencia, etcétera).

Resultados de una prueba de tensión de una barra de prueba de aleación sin aluminio de 12.83 mm de diámetro, con una longitud inicial (l_0) = 50.8 mm.

| Carga (kN) | Cambio de longitud (mm) | Calculado | |
		Esfuerzo (kPa)	Deformación (mm/mm)
0	0.000	0	0
4.448	0.0254	34.43	0.0005
13.344	0.0762	103.3	0.0015
22.24	0.127	172.1	0.0025
31.136	0.178	241.0	0.0035
33.36	0.762	258.2	0.0150
35.14	2.032	272	0.0400
35.584 (carga máxima)	3.05	275.4	0.0600
35.36	4.06	273.7	0.0800
33.805 (fractura)	5.21	261.6	0.1025

ESFUERZO Y DEFORMACIÓN INGENIERILES

Los resultados de una sola prueba se aplican a todos los tamaños y secciones transversales de los especímenes de un material dado si se convierte la fuerza en esfuerzo y la distancia entre las marcas calibradas en deformación. Si se utilizan la fuerza y el desplazamiento, el resultado dependerá en la muestra geométrica (por ejemplo, los especímenes grandes requieren fuerzas superiores y sufren elongaciones mayores que los especímenes más pequeños del mismo material). Los resultados del esfuerzo y la deformación son los mismos cuando los materiales son iguales sin que importe el tamaño del espécimen. El *esfuerzo ingenieril* y la *deformación ingenieril* se definen por medio de las siguientes ecuaciones:

$$\text{Esfuerzo ingenieril} = S = \frac{F}{A_0}$$

$$\text{Deformación ingenieril} = e = \frac{\Delta l}{l_0}$$

donde (A_0) es el área de la sección transversal original del espécimen antes de que comience la prueba, (l_0) es la distancia original entre las marcas calibradas y (Δl) el cambio de longitud después de que se aplica la fuerza F. En la tabla anterior se incluyen las conversiones de la carga y la longitud de la muestra al esfuerzo y la deformación. Se utiliza la curva esfuerzo-deformación (figura siguiente) para registrar los resultados de una prueba de tensión.

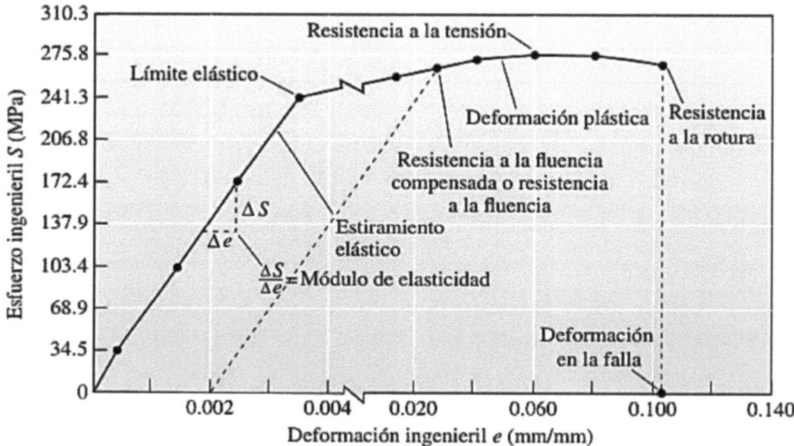

Curva esfuerzo-deformación ingenieriles de una aleación de aluminio a partir de la tabla anterior

UNIDADES

Se utilizan diversas unidades para reportar los resultados de la prueba de tensión. Las unidades más comunes para medir el esfuerzo son libras por pulgada cuadrada (psi) y megapascales (MPa). Las unidades para medir la deformación incluyen pulgada/pulgada, milímetro/milímetro y metro/metro y, por lo tanto, con frecuencia la deformación se escribe como sin unidades. En la tabla siguiente se resumen los factores de conversión del esfuerzo. Dado que la deformación es adimensional, no se requieren factores de conversión para modificar el sistema de unidades.

Unidades y factores de conversión

1 libra (lb) = 4.448 newtons (N)
1 psi = libra por pulgada cuadrada
1 MPa = megapascal= meganewtons por metro cuadrado (MN/m^2)
                          = newtons por milímetro cuadrado $(N/mm^2) = 10^6$ Pa
1 GPa= 1,000 MPa= gigapascal
1ksi = 1,000 psi= 6.895 MPa
1 psi = 0.006895 MPa
1 MPa = 0.145 ksi = 145 psi

Algunas propiedades que se descubren a partir de la prueba de tensión se estudian a continuación.

RESISTENCIA A LA FLUENCIA

Cuando se le aplica un esfuerzo a un material, este muestra, al inicio, una deformación elástica. La deformación que desarrolla se recupera por completo cuando se elimina el esfuerzo aplicado. A medida que aumenta dicho esfuerzo, el material "fluye" ante el esfuerzo aplicado y se deforma de maneras elástica y plástica. El valor del esfuerzo crítico necesario para iniciar la deformación plástica se conoce como *límite elástico* del material. En los materiales metálicos, por lo general es el esfuerzo que se requiere para que se inicie el movimiento de las dislocaciones, o deslizamiento. El *límite proporcional* se define como el nivel de esfuerzo sobre el cual la relación entre el esfuerzo y la deformación es no lineal.

En la mayoría de los materiales, el límite elástico y el límite proporcional están bastante cercanos; sin embargo, ni los valores del límite elástico ni del proporcional pueden determinarse con precisión. Los valores medidos dependen de la sensibilidad del equipo que se utilice. Por lo tanto, se definen a un *valor de deformación compensado* (por lo general, pero no siempre, de 0.002 o 0.2%). Después se traza una línea que comienza con el valor de deformación compensado y se traza una línea paralela a a parte lineal de la curva de esfuerzo-deformación ingenieriles. El valor del esfuerzo que corresponde a la intersección de esta línea y la curva de esfuerzo-deformación ingenieriles se define como la *resistencia a la fluencia compensada*, también enunciada con frecuencia como la *resistencia a la fluencia*. La resistencia a la fluencia compensada a 0.2% del hierro colado gris es de 40,000 psi, como se muestra en la figura siguiente. Por lo general, los

ingenieros prefieren utilizar la resistencia a la fluencia compensada para
propósitos de diseño, debido a que puede determinarse de manera confiable.

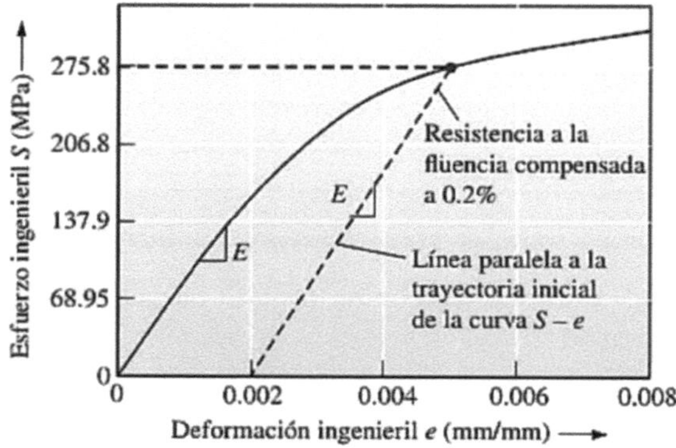

Determinación de la resistencia a la fluencia compensada a 0.2%

Cuando se diseñan partes para aplicaciones de soporte de carga, se prefiere
que haya poca o ninguna deformación plástica. Como resultado, se debe
seleccionar un material tal que el esfuerzo del diseño sea considerablemente
menor que la resistencia a la fluencia a la temperatura a la que se usará el
material. También se puede hacer la sección transversal del componente más
grande para que la fuerza que se aplica produzca un esfuerzo que estará muy
por debajo de la resistencia a la fluencia. Por otro lado, cuando se desea
moldear materiales en componentes (por ejemplo, tomar una hoja de acero y
formar el chasis de un automóvil), se deben aplicar esfuerzos que estarán muy
por encima de la resistencia a la fluencia.

RESISTENCIA A LA TENSIÓN

Durante la prueba de tensión, el esfuerzo que se obtiene en la fuerza aplicada
más alta es la resistencia a la tensión (S_{rt}), la cual es el esfuerzo máximo en
la curva de esfuerzo-deformación ingenieriles. Este valor también se conoce
como resistencia máxima o última a la tracción o tensión. En muchos
materiales dúctiles, la deformación no permanece uniforme. En algún punto,
una región se deforma más que las otras y ocurre un gran decrecimiento local
en el área de la sección transversal (figura siguiente). A esta región deformada
de manera local se le llama "cuello". A este fenómeno se le conoce como
estricción (rebajo). Debido a que el área de la sección transversal se

empequeñece en este punto, se requiere una fuerza menor para continuar su deformación y el esfuerzo ingenieriles, calculado a partir del área original A_0, disminuyen. La resistencia a la tensión es el esfuerzo al que comienza la estricción o rotura en los metales dúctiles. En la prueba de compresión los materiales se abultarán; por lo tanto, la estricción sólo se observa en una prueba de tensión.

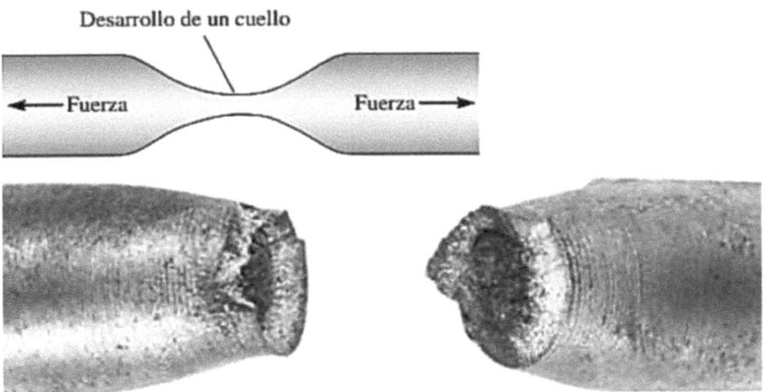

La deformación localizada de un material dúctil durante una prueba de tensión produce una región de estricción. La micrografía muestra una región de estricción en una muestra fracturada. (Reimpreso por cortesía de Donald Askeland.)

PROPIEDADES ELÁSTICAS

El módulo de elasticidad, o *módulo de Young* (E), es la pendiente de la curva de esfuerzo-deformación unitaria en la región elástica. A esta relación entre el esfuerzo y la deformación en la región elástica se le conoce como *ley de Hooke*:

$$E = \frac{S}{e}$$

El módulo se relaciona estrechamente con las energías de unión de los átomos (figura siguiente). Una pendiente pronunciada en la gráfica fuerza-deformación en el espaciado de equilibrio indica que se requieren grandes fuerzas para separar los átomos y provocar que el material se estire de manera elástica. Por lo tanto, el material tiene un módulo de elasticidad alto. Las fuerzas de unión, y por lo tanto el módulo de elasticidad, por lo general son mayores en el caso de los materiales con puntos de fusión altos (tabla siguiente). En los materiales metálicos, el módulo de elasticidad se considera una propiedad insensible a la microestructura, dado que el valor es dominado por la rigidez de los enlaces atómicos. El tamaño de los granos u otras características microestructurales no tienen un gran efecto sobre el módulo de Young. Observe que este módulo depende de factores como la orientación de un material monocristalino (es decir, depende de la dirección cristalográfica).

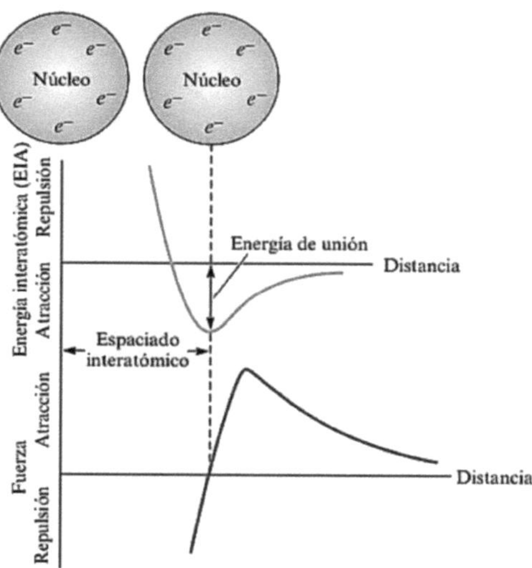

Los átomos o iones son separados por un espaciado de equilibrio que corresponde a la energía interatómica mínima de un par de átomos o iones (o cuando actúa una fuerza cero para repeler o atraer los átomos o iones).

Propiedades elásticas y temperatura de fusión (T_f) de materiales

Material	T_f (°C)	E (MPa)	Razón de Poisson (ν)
Pb	327	13.8×10^3	0.45
Mg	650	44.8×10^3	0.29
Al	660	68.95×10^3	0.33
Cu	1085	1.25×10^5	0.36
Fe	1538	2.07×10^5	0.27
W	3410	4.08×10^5	0.28
Al_2O_3	2020	3.79×10^5	0.26
Si_3N_4		3.03×10^5	0.24

En la figura siguiente se compara el comportamiento elástico del acero y el aluminio. Si se aplica un esfuerzo de 30,000 psi a cada material, el acero se deforma de manera elástica 0.001 pulg/pulg; al mismo esfuerzo, el aluminio se deforma 0.003 pulg/pulg. El módulo elástico del acero es casi tres veces mayor que el del aluminio.

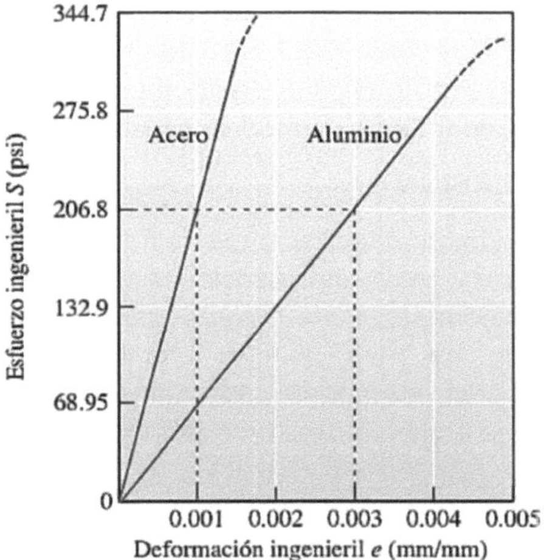

Comparación del comportamiento elástico del acero y el aluminio. Ante un esfuerzo dado, el aluminio se deforma de manera elástica tres veces más que el acero (es decir, su módulo elástico es casi tres veces menor).

La **razón de Poisson**, v, relaciona la deformación elástica longitudinal producida por un esfuerzo de tensión sencillo o un esfuerzo de compresión con la deformación lateral que ocurre de forma simultánea:

$$v = -\frac{e_{lateral}}{e_{longitudinal}}$$

En la región elástica de muchos metales, la razón de Poisson es por lo general de alrededor de 0.3 (tabla anterior). Durante una prueba de tensión, la razón aumenta más allá de la fluencia a alrededor de 0.5, dado que, durante la deformación plástica, el volumen permanece constante. Algunas estructuras interesantes, como algunas de panal y de las espumas, tienen razones de Poisson negativas.

El **módulo de resiliencia** (E_r), el área que se encuentra bajo la región elástica de una curva de esfuerzo-deformación, es la energía elástica que absorbe un material durante la carga y que se libera de manera subsecuente cuando se elimina la carga. En el caso del comportamiento elástico lineal:

$$E_r = \left(\frac{1}{2} \right) \text{(resistencia a la fluencia)(deformación en la fluencia)}$$

La capacidad de un resorte o de una pelota de golf para desempeñarse de manera satisfactoria depende de un módulo de resiliencia alto.

TENACIDAD A LA TENSIÓN

A la energía que absorbe un material antes de fracturarse se le conoce como *tenacidad a la tensión* y en algunas ocasiones se mide como el área bajo la curva de esfuerzo-deformación verdaderos (también llamada *trabajo de fractura*). Dado que es más sencillo medir el esfuerzo-deformación ingenieriles, con frecuencia los ingenieros igualan la tenacidad a la tensión con el área bajo la curva de esfuerzo-deformación ingenieriles.

Ejemplo 3.1

Módulo de Young de una aleación de aluminio. Calcule el módulo de elasticidad de la aleación de aluminio de la cual se muestra la curva de esfuerzo-deformación ingenieriles en la figura siguiente. Calcule la longitud de una barra de longitud inicial de 1.27 m, cuando se aplica un esfuerzo de tensión de 206.8 MPa.

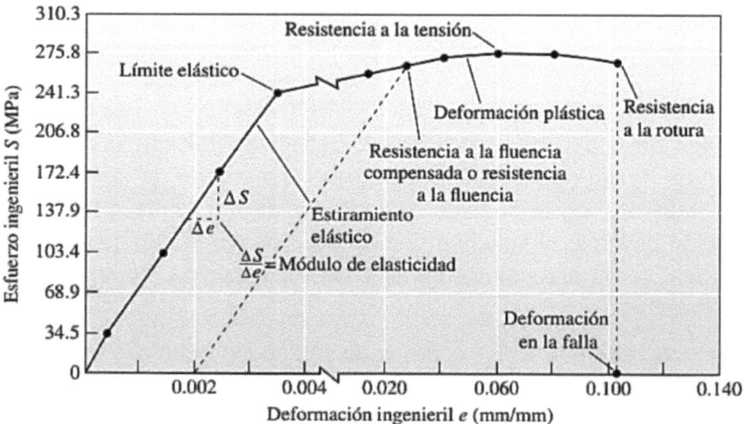

Solución:

Cuando se aplica un esfuerzo de 240.96 MPa, se produce una deformación de 0.0035 mm/mm. Por lo tanto,

$$\text{Módulo de elasticidad} = E = \frac{S}{e} = \frac{240.96 \text{ MPa}}{0.0035} = 68.8 \text{ GPa}$$

Observe que cualquier combinación de esfuerzo y deformación en la región elástica producirá este resultado. A partir de la ley de Hooke,

$$e = \frac{S}{E} = \frac{206.8 \times 10^6 \text{ Pa}}{68.8 \times 10^9 \text{ Pa}} = 0.003 \text{ mm/mm}$$

Con base en la definición de la deformación ingenieril

$$e = \frac{\Delta l}{l_0}$$

Por lo tanto,

$$\Delta l = e(l_0) = (0.003)(1.27 \times 10^3) = 3.81 \text{ mm}$$

Cuando la barra se sujeta a un esfuerzo de 206.8MPa, la longitud total está dada por

$$l = \Delta l + l_0 = 3.81 \times 10^{-3} + 1.27 = 1.274 \text{ m}$$

DUCTILIDAD

La **ductilidad** es la capacidad de un material para deformarse de manera permanente sin romperse cuando se aplica una fuerza. Existen dos medidas comunes de la ductilidad. El **porcentaje de elongación** cuantifica la deformación plástica permanente en la falla (es decir, no se incuye la deformación elástica que se recupera después de la fractura) midiendo la distancia entre las marcas calibradas en el espécimen antes y después de la prueba. El porcentaje de elongación puede escribirse como

$$\% \text{ Elongación} = \frac{l_f - l_0}{l_0} \times 100$$

donde l_f es la distancia entre las marcas calibradas después de que el espécimen se rompe. Un segundo método es medir el cambio porcentual del área de la sección transversal en el punto de fractura antes y después de la prueba. La **reducción porcentual del área** describe la cantidad de adelgazamiento que experimenta el espécimen durante la prueba:

$$\% \text{ Reducción del área} = \frac{A_0 - A_f}{A_0} \times 100$$

donde A_f es el área de la sección transversal final de la superficie de la fractura después de que falla el espécimen. La ductilidad es importante para los diseñadores de componentes de soporte de carga y para los fabricantes de componentes (barras, varillas, alambres, placas, vigas en I, fibras, etc.) que utilizan algún procesamiento de deformación de materiales.

Ejemplo 3.2

Ductilidad de una aleación de aluminio. Una aleación de aluminio tiene una longitud final después de la falla de 55.753 mm, longitud inicial de 50.8 mm, un diámetro final de 10.11 mm en la superficie fracturada y diámetro inicial de 13.83 mm. Calcule la ductilidad de esta aleación.

Solución:

$$\% \text{ Elongación} = \frac{l_f - l_0}{l_0} \times 100 = \frac{55.753 - 50.8}{50.8} \times 100 = 9.75\%$$

$$\text{Porc. (\%) de reducción del área} = \frac{A_0 - A_f}{A_0} \times 100$$
$$= \frac{(\pi/4)(12.83 \times 10^{-3})^2 - (\pi/4)(10.11 \times 10^{-3})^2}{(\pi/4)(12.83 \times 10^{-3})^2} \times 100$$
$$= 37.9\%$$

La longitud final es menor de 56.01 mm (vea la tabla de arriba) debido a que, después de la fractura, se recupera la deformación elástica.

EFECTO DE LA TEMPERATURA

Las propiedades mecánicas de los materiales dependen de la temperatura (figura siguiente). *La resistencia a la fluencia, la resistencia a la tensión y el módulo de elasticidad disminuyen a temperaturas más altas*, mientras que, por lo general, *la ductilidad aumenta*. Un fabricante de materiales puede desear deformar un material a una temperatura alta (conocido como trabajo en caliente) para aprovechar la ductilidad más alta y el esfuerzo menor que se requiere.

Aquí se utiliza el término "temperatura alta" con una nota de cautela. Una temperatura alta se define en relación con la temperatura de fusión. Por lo tanto, 500°C es una temperatura alta para las aleaciones de aluminio; sin embargo, es una temperatura relativamente baja para procesar aceros.

En los metales, la resistencia a la fluencia disminuye con rapidez a temperaturas más altas, debido a una disminución de la densidad de las dislocaciones y a un incremento del tamaño de los granos por medio del crecimiento de los granos o a un proceso relacionado, conocido como recristalización. Cuando las temperaturas se reducen, muchos metales y aleaciones, pero no todos, comienzan a asumir una consistencia quebradiza.

Por lo general, los materiales cerámicos y vítreos son quebradizos a temperatura ambiente. A medida que aumenta la temperatura, los vidrios pueden adquirir mayor ductilidad. Como resultado, el procesamiento de vidrios (por ejemplo, el reforzamiento con fibras o la fabricación de botellas) se lleva a cabo a temperaturas altas.

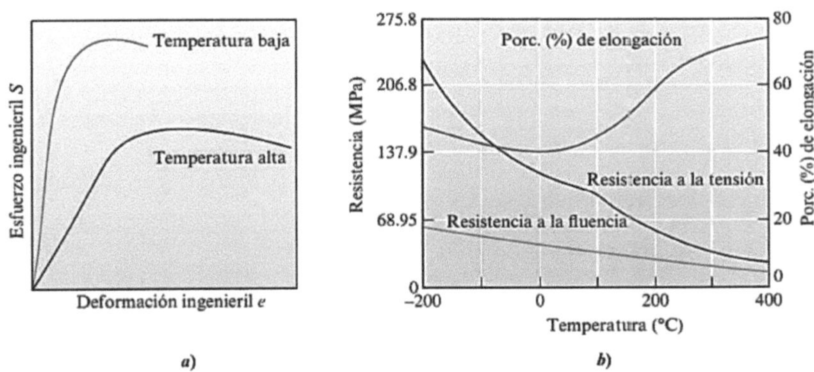

Efecto de la temperatura a) sobre la curva de esfuerzo-deformación y b) sobre las propiedades de tensión de una aleación de aluminio.

ESFUERZO Y DEFORMACIÓN VERDADEROS

La disminución del esfuerzo ingenieril más allá de la resistencia a la tensión en una curva de esfuerzo-deformación ingenieriles se relaciona con la definición de esfuerzo ingenieril. En estos cálculos se utiliza el área original A_0, pero esta no es precisa, debido a que el área cambia de manera continua. El esfuerzo verdadero y la deformación verdadera se definen por medio de las siguientes ecuaciones:

$$\text{Esfuerzo verdadero} = \sigma = \frac{F}{A}$$

$$\text{Deformación verdadera} = \varepsilon = \int_{l_0}^{l} \frac{dl}{l} = \ln\left(\frac{l}{l_0}\right)$$

donde A es el área instantánea sobre la que se aplica la fuerza F, l la longitud instantánea de la muestra y lo la longitud inicial. En esencia, en el caso de los metales, la deformación plástica es un proceso a volumen constante (es decir, la creación y la propagación de las dislocaciones resulta en un cambio de volumen despreciable del material). Cuando el supuesto del volumen constante es válido, se puede escribir

$$A_0 l_0 = Al \qquad \text{o} \qquad A = \frac{A_0 l_0}{l}$$

y utilizando las definiciones de esfuerzo ingenieril S y de deformación ingenieril e, puede escribirse

$$\sigma = \frac{F}{A} = \frac{F}{A_0}\left(\frac{l}{l_0}\right) = S\left(\frac{l_0 + \Delta l}{l_0}\right) = S(1 + e)$$

También se puede demostrar que

$$\varepsilon = \ln(1 + e)$$

Por lo tanto, es una cuestión sencilla convertir entre los sistemas de esfuerzo-deformación ingenieriles y de esfuerzo-deformación verdaderos.

Después de que comienza la estricción, debe utilizarse las siguientes ecuaciones para calcular el esfuerzo y deformación verdaderos:

$$\text{Esfuerzo verdadero} = \sigma = \frac{F}{A}$$

$$\varepsilon = \ln\left(\frac{A_0}{A}\right)$$

En la figura (a) siguiente, se compara la curva de esfuerzo verdadero-deformación verdadera con la curva de esfuerzo-deformación ingenieriles. No existe un máximo en la curva de esfuerzo verdadero deformación verdadera. Observe que es difícil medir el área instantánea de la sección transversal del cuello. Por lo tanto, las curvas de esfuerzo verdadero-deformación verdadera por lo general se truncan en el esfuerzo verdadero que corresponde a la resistencia máxima a la tensión, como se muestra en la figura (b).

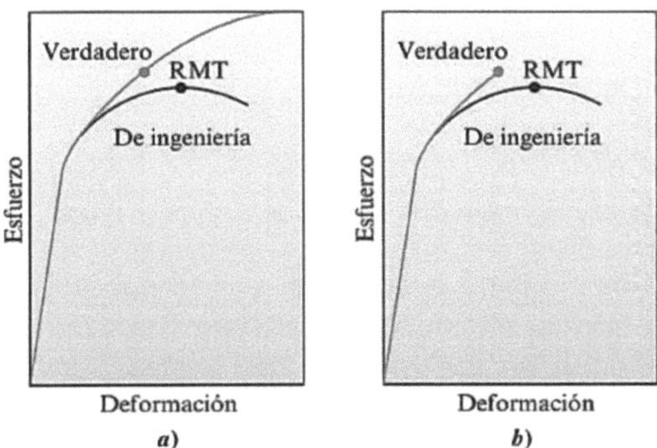

a) Relación entre el diagrama esfuerzo verdadero-deformación verdadera y el diagrama de esfuerzo-deformación ingenieriles. Las curvas son nominalmente idénticas al punto de fluencia. Se indica con círculos el esfuerzo verdadero que corresponde a la resistencia máxima a la tensión (RMT). b) Por lo general, las curvas de esfuerzo-deformación verdaderos deben truncarse en el esfuerzo verdadero que corresponde a la resistencia máxima a la tensión, dado que se desconoce el área de la sección transversal del cuello.

Ejemplo 3.3

Cálculo del esfuerzo verdadero y la deformación verdadera. Compare el esfuerzo y la deformación ingenieriles con el esfuerzo y la deformación verdaderos de la aleación de aluminio en el Ejemplo 3.2 en:

a) la carga máxima y

b) en la fractura. El diámetro en la carga máxima es de ´3.46 mm y en la fractura es de 10.11 mm.

Carga (kN)	Cambio de longitud (mm)	Calculado	
		Esfuerzo (kPa)	Deformación (mm/mm)
0	0.000	0	0
4.448	0.0254	34.43	0.0005
13.344	0.0762	103.3	0.0015
22.24	0.127	172.1	0.0025
31.136	0.178	241.0	0.0035
33.36	0.762	258.2	0.0150
35.14	2.032	272	0.0400
35.584 (carga máxima)	3.05	275.4	0.0600
35.36	4.06	273.7	0.0800
33.805 (fractura)	5.21	261.6	0.1025

Solución:

a) En la carga máxima:

$$\text{Esfuerzo ingenieril } S = \frac{F}{A_0} = \frac{35584 \text{ N}}{(\pi/4)(0.01283)^2} = 2.75 \times 10^8 \text{ Pa}$$

$$\text{Deformación ingenieril } e = \frac{\Delta l}{l_0} = \frac{53.85 - 50.8}{50.8} = 0.060 \text{ mm/mm}$$

$$\text{Esfuerzo verdadero} = \sigma = S(1 + e) = 2.75 \times 10^8 \, (1 + 0.06) = 2.92 \times 10^8 \text{ Pa}$$

$$\text{Deformación verdadera} = \ln(1 + e) = \ln(1 + 0.060) = 0.058 \text{ mm/mm}$$

La carga máxima es el último punto en el que se aplica la expresión que se utiliza aquí para designar el esfuerzo verdadero y la deformación verdadera. Observe que se obtienen las mismas respuestas para el esfuerzo y la deformación verdaderos si se utilizan las dimensiones instantáneas:

$$\sigma = \frac{F}{A} = \frac{35584 \text{ N}}{(\pi/4)(0.01246)^2} = 2.92 \times 10^8 \text{ Pa}$$

$$\varepsilon = \ln\left(\frac{A_0}{A}\right) = \ln\left[\frac{(\pi/4)(0.01283)^2}{(\pi/4)(0.01246)^2}\right] = 0.058 \text{ mm/mm}$$

En una prueba de tensión, hasta el punto de estricción del esfuerzo ingenieril es menor que el esfuerzo verdadero correspondiente, mientras que la deformación ingenieril es mayor que la deformación verdadera correspondiente.

b) En la fractura,

$$S = \frac{F}{A_0} = \frac{33805 \text{ N}}{(\pi/4)(0.01283)^2} = 2.62 \times 10^8 \text{ Pa}$$

$$e = \frac{\Delta l}{l_0} = \frac{56.01 - 50.8}{50.8} = 0.103 \text{ mm/mm}$$

$$\sigma = \frac{F}{A_f} = \frac{33805 \text{ N}}{(\pi/4)(0.01011)^2} = 4.21 \times 10^8 \text{ Pa}$$

$$\varepsilon = \ln\left(\frac{A_0}{A_f}\right) = \ln\left[\frac{(\pi/4)(0.01283 \text{ m})^2}{(\pi/4)(0.01011)^2}\right] = 0.476 \text{ mm/mm}$$

Fue necesario utilizar las dimensiones instantáneas para calcular el esfuerzo y la deformación verdaderos, dado que la falla ocurre después del punto de estricción. Después de éste, la deformación verdadera es mayor que la deformación ingenieril correspondiente.

3.3.3 Prueba de flexión de materiales quebradizos

En muchos materiales quebradizos la prueba de tensión normal no puede llevarse a cabo con facilidad, debido a la presencia de fisuras en la superficie. Con frecuencia, sólo colocar un material quebradizo en las mordazas de la máquina para la prueba de tensión provoca que se agriete. Estos materiales quebradizos pueden probarse utilizando la *prueba de flexión* (figura siguiente). Cuando se aplica la carga en tres puntos y se provoca una flexión, una fuerza de tensión actúa sobre el material opuesta al punto medio. La fractura comienza en esta localización. La *resistencia a la flexión*, o *módulo de ruptura*, describe la resistencia del material:

$$\text{Resistencia a la flexión para la prueba de flexión en tres puntos } \sigma_{\text{flexión}} = \frac{3FL}{2wh^2}$$

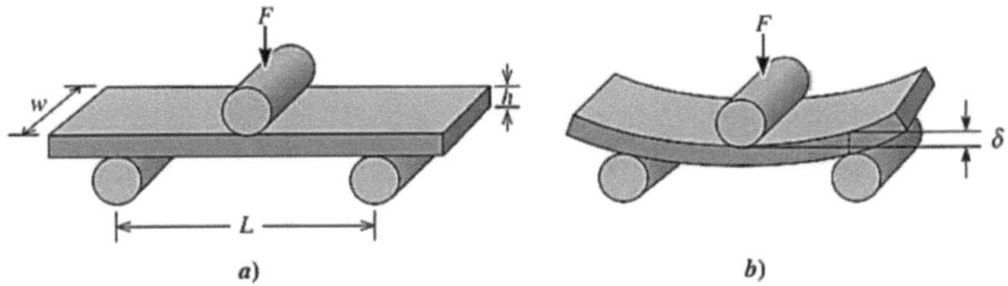

a) Con frecuencia, la prueba de flexión se utiliza para medir la resistencia de materiales quebradizos y b) la deflexión que se obtiene por medio de la flexión.

3.3.4 Dureza de los materiales

La *prueba de dureza* mide la resistencia a la penetración de la superficie de un material por un objeto duro. La dureza, que como término no puede definirse de manera precisa pues depende del contexto, representa la resistencia a los rayones o a la indentación y una medida cualitativa de la resistencia del material. En general, en las mediciones de la *macrodureza*, la carga aplicada es de $\sim 2\ N$. Se han diseñado diversas pruebas de dureza, pero las que más se utilizan son la *prueba de Rockwell* y la *prueba de Brinell*. En la figura siguiente se muestran los distintos penetradores empleados en estas pruebas.

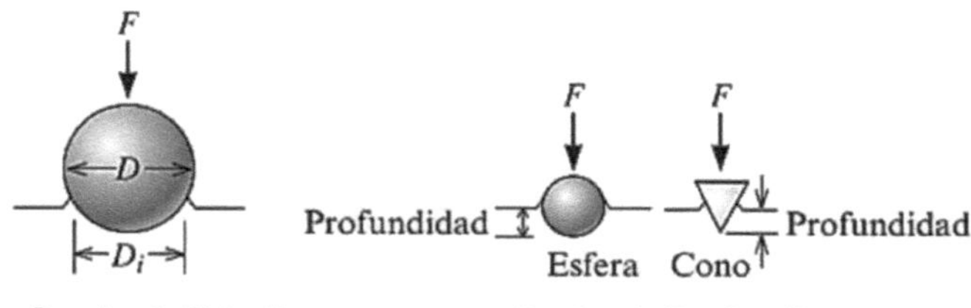

En la prueba de *dureza de Brinell*, una esfera de acero duro (por lo general de 10 mm de diámetro) es forzada contra la superficie del material. Se mide el diámetro de la impresión, por lo general de 2 a 6 mm, y se calcula el número de dureza de Brinell (abreviado como DB o NDB) a partir de la siguiente ecuación:

$$DB = \frac{2F}{\pi D\left[D - \sqrt{D^2 - D_i^2}\right]}$$

donde F es la carga aplicada en kilogramos, D el diámetro del penetrador en milímetros y D_i el diámetro de la impresión en milímetros. La dureza de Brinell tiene las unidades de kg/mm^3.

La prueba de *dureza de Rockwell* utiliza una esfera de acero de diámetro pequeño para materiales blandos y un cono de diamante, o Brale, para materiales más duros. La profundidad de la penetración del penetrador es medida de manera automática por la máquina para realizar la prueba y se convierte a un número de dureza de Rockwell (DR). Dado que no se necesita una medición óptica de las dimensiones de la indentación, la prueba de Rockwell tiende a ser más popular que la de Brinell. Se utilizan diversas variaciones de la prueba de Rockwell, entre ellas las descritas en la tabla siguiente. Se utiliza una prueba de Rockwell C (DRC) para medir aceros duros, mientras que podría seleccionarse una prueba de Rockwell F (DRF) para el aluminio. Las pruebas de Rockwell proporcionan un número de dureza que no posee unidades.

Comparación de las pruebas de dureza comunes

Prueba	Penetrador	Carga	Aplicación
De Brinell	Esfera de 10 mm	3000 kg	Hierro colado y acero
De Brinell	Esfera de 10 mm	500 kg	Aleaciones no ferrosas
De Rockwell A	Cono	60 kg	Materiales muy duros
De Rockwell B	Esfera de 1/16 pulg	100 kg	Latón, acero de baja resistencia
De Rockwell C	Cono	150 kg	Acero de alta resistencia
Rockwell D	Cono	100 kg	Acero de alta resistencia
De Rockwell E	Esfera de 1/8 pulg	100 kg	Materiales muy blandos
De Rockwell F	Esfera de 1/16 pulg	60 kg	Aluminio, materiales blandos
De Vickers	Pirámide cuadrada de diamante	10 kg	Todos los materiales
De Knoop	Pirámide alargada de diamante	500 g	Todos los materiales

Los números de dureza se utilizan principalmente como una base cualitativa para comparar materiales, especificaciones para fabricarlos y tratamiento térmico, control de calidad y correlación con otras propiedades de los materiales. Por ejemplo, la dureza de Brinell se relaciona con la resistencia a la tensión del acero por medio de la relación:

$$\text{Resistencia a la tensión (psi)} = 500 \, DB$$

donde DB tiene unidades de kg/mm^3.

La dureza se correlaciona bien con la resistencia al desgaste. Existe una prueba independiente para medir la resistencia al desgaste. Un material que se usa para fragmentar o moler minerales debe ser muy duro para asegurar que no sea erosionado o desgastado por las materias primas duras. De manera similar, los dientes de un engranaje del sistema de transmisión o de impulsión de un vehículo deben ser lo suficientemente duros para que no se desgasten. Por lo general, los materiales poliméricos son excepcionalmente blandos, los metales y aleaciones poseen una dureza intermedia y las cerámicas son excepcionalmente duras. Se usan materiales como el compuesto de carburo de tungsteno-cobalto (WC-Co) conocido como "carburo", para endurecer herramientas de corte. También se usa el diamante microcristalino o materiales de carbono parecidos al diamante (CPD) para fabricar herramientas de corte y otras aplicaciones.

La prueba de **dureza de Knoop** (DK) es una **prueba de microdureza**, que forma indentaciones tan pequeñas que se requiere un microscopio para realizar la medición. En estas pruebas, la carga aplicada es menor de 2 N. La **prueba de Vickers**, que usa un penetrador de pirámide de diamante, puede llevarse a cabo como una prueba de macro o microdureza. Estas últimas son adecuadas para materiales que pueden poseer una superficie cuya dureza es mayor que la del núcleo, materiales en los que las distintas áreas muestran niveles diferentes de dureza, o en muestras que no son macroscópicamente planas.

NANOINDENTACIÓN

Las pruebas de dureza descritas en la sección anterior se conocen como pruebas de macro o microdureza, debido a que las medidas de las indentaciones son del orden de milímetros o micrones (micras). Las ventajas de tales pruebas son que son relativamente rápidas, fáciles y económicas. Algunas de las desventajas es que sólo pueden utilizarse en muestras a macroescala y que la dureza es la única propiedad de los materiales que puede medirse de forma directa. *La nanoindentación es la prueba de dureza que se lleva a cabo en la escala de longitud nanométrica*. Se utiliza una punta pequeña de diamante para indentar el material de interés. La carga impuesta y el desplazamiento se miden de manera continua con una resolución de micronewtons y subnanómetros, respectivamente.

La carga y el desplazamiento se miden mediante el proceso de indentación. Las técnicas de nanoindentación son importantes para medir las propiedades mecánicas de películas delgadas en sustratos (como en aplicaciones microelectrónicas) y de materiales en nanofase y para deformar estructuras a micro y nanoescala que se sitúan de manera libre. La nanoindentación puede llevarse a cabo con una alta precisión en el posicionamiento, lo cual permite indentaciones dentro de granos seleccionados de un material. Los nanoindentadores incorporan microscopios ópticos y en algunas ocasiones capacidad de microscopio de sondeo de barrido. La dureza y el módulo de elasticidad se miden con base en la nanoindentación.

Las puntas de los nanopenetradores tienen diversas formas. A una forma común se le conoce como penetrador de Berkovich, el cual es una pirámide con tres lados. En la figura siguiente se muestra una indentación realizada por un penetrador de Berkovich. Cada lado de la indentación de la figura mide 13.5 μm y tiene una profundidad de alrededor de 1.6 μm.

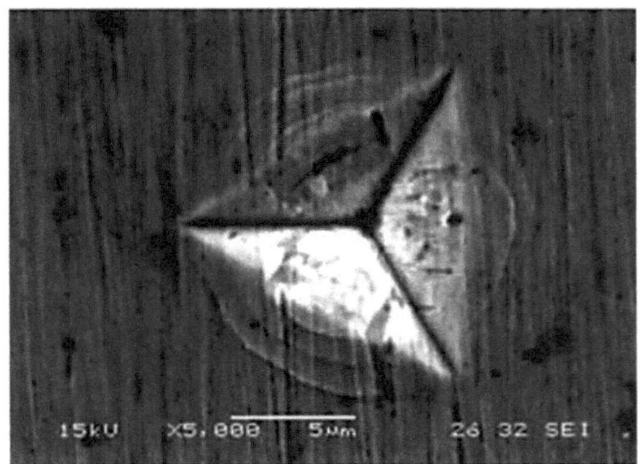

Indentación de un vidrio metálico voluminoso de $Zr_{41.2}Ti_{13.8}Cu_{13.5}Ni_{10.0}Be_{23.5}$ realizada con una punta de Berkovich en un nanopenetrador. (Cortesía de Gang Feng, Villanova University)

3.3.5 Prueba de impacto

Cuando un material sufre un golpe intenso y repentino, en el que la rapidez de deformación es extremadamente rápida, puede comportarse de una manera mucho más quebradiza que la que se observa en la prueba (ensayo) de tensión. Con frecuencia se utiliza una *prueba (ensayo) de impacto* para evaluar la fragilidad de un material bajo estas condiciones. En contraste con la prueba de tensión, en ésta la rapidez de deformación es mucho mayor $(\dot{\varepsilon} \sim 10^3 \text{ s}^{-1})$.

Se han diseñado varios procedimientos de prueba, entre ellos la *prueba de Charpy y la de Izod* (figura siguiente). Esta última se utiliza con frecuencia para probar los materiales plásticos. El espécimen de la prueba puede o no tener una muesca; los especímenes con muesca en V miden mejor la resistencia del material a la propagación del agrietamiento.

En esta prueba, un péndulo pesado comienza a una elevación h_0, se balancea a través de su arco, golpea y rompe el espécimen y alcanza una elevación final menor h_f. Si se conocen las elevaciones inicial y final del péndulo, se puede calcular la diferencia en energía potencial. Esta diferencia es la energía de impacto que absorbe el espécimen durante la falla. Para la prueba de Charpy, la energía se expresa por lo general en pies-libras (ft.lb) o en Joules (J), donde 1 ft.lb = 1.356 J. Los resultados de la prueba de Izod se expresan en unidades de ft.lb/pulg o J/m. A la capacidad de un material para soportar un golpe de impacto con frecuencia se conoce como **tenacidad de impacto** del material. Como ya se mencionó, en algunas ocasiones se considera el área bajo la curva esfuerzo-deformación verdaderos o ingenieriles como una medida de la **tenacidad a la tensión**. En ambos casos se mide la energía necesaria para fracturar un material. La diferencia es que, en las pruebas de tensión, la rapidez de deformación es mucho menor en comparación con la que se considera en una prueba de impacto. Otra diferencia es que en una prueba de impacto por lo general se trata con materiales que tienen una muesca. La **tenacidad a la fractura** de un material se define como la capacidad de un material con imperfecciones para soportar una carga aplicada.

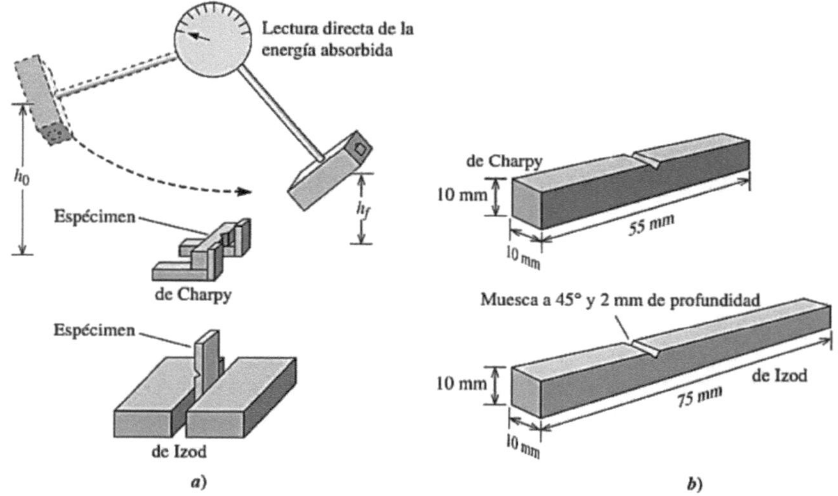

Prueba de impacto: a) pruebas de Charpy y de Izod, y b) dimensiones de los especímenes comunes.

A continuación, se muestran algunas propiedades que se descubren a partir de la prueba de impacto.

Temperatura de transición de dúctil a quebradizo (TTDQ). La temperatura de transición de dúctil a quebradizo es la temperatura a la cual el modo de falla de un material cambia de fractura dúctil a quebradiza. Esta temperatura puede definirse por medio de la energía promedio entre las regiones dúctil y quebradiza, a alguna energía absorbida específica o por medio de alguna aparición de una fractura característica. Un material que sufre un golpe de impacto durante el servicio debe tener una temperatura de transición por debajo de la temperatura de su entorno.

No todos los materiales tienen una temperatura de transición distintiva (figura siguiente). Los metales CCCu tienen temperaturas de transición, lo cual no sucede con la mayoría de los metales CCCa. Los metales CCCa tienen energías absorbidas altas, las cuales disminuyen de manera gradual y, en algunas ocasiones, incluso aumentan a medida que disminuye la temperatura. El efecto de esta transición en el acero pudo haber contribuido a la falla del casco del Titanic.

En los materiales poliméricos, la temperatura de transición de dúctil a quebradizo está estrechamente relacionada con la temperatura de transición vítrea y para propósitos prácticos se trata como la misma. La temperatura de transición de los polímeros que se usaron en los anillos selladores del cohete propulsor y otros factores condujeron al desastre del Challenger.

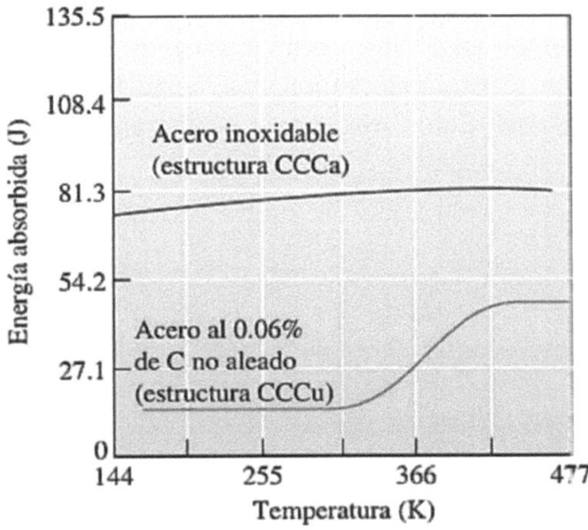

Propiedades de la muesca en V de Charpy en un acero al carbono CCCu y un acero inoxidable CCCa. Por lo general, la estructura cristalina CCCa conduce a energías absorbidas más altas y a ninguna temperatura de transición.

Sensibilidad a la muesca. La muesca que ocasiona un maquinado, una fabricación o un diseño deficientes concentra los esfuerzos y reduce la tenacidad de los materiales. La *sensibilidad a la muesca* de un material puede evaluarse comparando las energías absorbidas de la muesca en función de los especímenes sin muesca. Las energías absorbidas son mucho menores en los especímenes con muesca si el material es sensible a ella. Este fenómeno es importante en el estudio de la fatiga al diseñar elementos de máquina.

Relación con el diagrama de esfuerzo-deformación. La energía que se requiere para romper un material durante la prueba de impacto (es decir, la tenacidad de impacto) no siempre está relacionada con la tenacidad a la tensión [esto es, el área bajo la curva de esfuerzo-deformación verdaderos (figura siguiente). Como ya se indicó, los ingenieros con frecuencia consideran el área bajo la curva de esfuerzo-deformación ingenieriles como la tenacidad a la tensión. En general, los metales con resistencia y ductilidad altas tienen buena tenacidad a la tensión; sin embargo, este no es siempre el caso cuando las velocidades de deformación son altas. Por ejemplo, los metales que muestran una excelente tenacidad a la tensión pueden mostrar un comportamiento quebradizo ante rapidez de deformación alta (es decir, pueden mostrar una tenacidad de impacto deficiente). Por lo tanto, la rapidez de la deformación impuesta puede desplazar la transición de dúctil a quebradizo. Por lo general, las cerámicas y muchos compuestos tienen tenacidad deficiente, aun cuando tienen una resistencia alta, debido a que casi no muestran ductilidad. Estos materiales muestran tenacidad a la tensión y tenacidad de impacto deficientes.

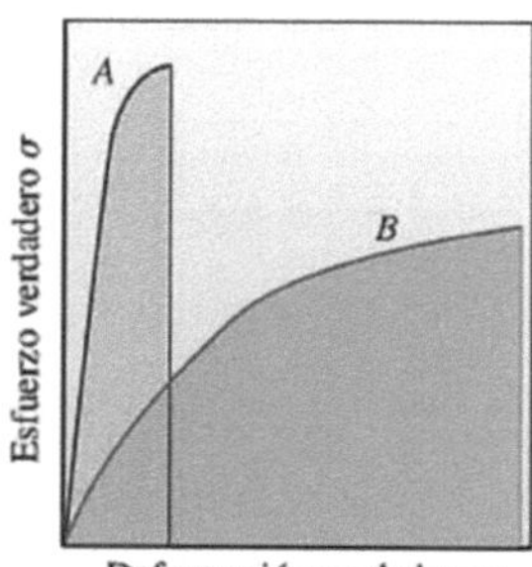

El área bajo la curva de esfuerzo verdadero- deformación verdadera se relaciona con la tenacidad a la tensión. Aunque el material B tiene una menor resistencia a la fluencia, absorbe más energía que el material A. A partir de estas curvas, las energías pueden no ser iguales a las que se obtienen a partir de la información de la prueba de impacto.

Uso de las propiedades de impacto. La energía absorbda y la TTDQ son muy sensibles a las condiciones de carga. Por ejemplo, una rapidez más alta de la aplicación de energía al espécimen reduce la energía absorbida e incrementa la TTDQ. El tamaño del espécimen también afecta los resultados; puesto que es más difícil que un material grueso se deforme, se requieren energías menores para romper los materiales más gruesos. Por último, la configuración de la muesca afecta el comportamiento; una grieta en una superficie puntiaguda y afilada permite energías absorbidas menores que las de una muesca en V. Debido a que con frecuencia no se pueden predecir o controlar todas estas condiciones, la prueba de impacto es una manera rápida, conveniente y económica de comparar distintos materiales.

3.3.6 Vidrios metálicos voluminosos y su comportamiento mecánico

Los metales, como se encuentran en la naturaleza, son cristalinos; sin embargo, cuando aleaciones particulares de muchos componentes se enfrían rápidamente, pueden formarse metales amorfos. Algunas aleaciones requieren de velocidades de enfriamiento tan altas como 106 K/s para formar una estructura amorfa ("o vidriosa"), pero recientemente se han encontrado nuevos compuestos que requieren velocidades de enfriamiento en el orden de sólo unos grados por segundo. Estos avances han permitido producir los llamados "vidrios metálicos voluminosos", vidrios metálicos con grosores o diámetros tan grandes de hasta 5 cm (2 pulg).

Como se muestra en la figura siguiente, los vidrios metálicos exhiben fundamentalmente un comportamiento de esfuerzo-deformación distinto del de otras clases de materiales. Lo más notable es que los vidrios metálicos son materiales con una resistencia alta excepcional. Por lo general tienen resistencias a la fluencia en el orden de 2 GPa (290 kpsi), comparables con las de los aceros con las resistencias más altas, y se han reportado resistencias a la fluencia de hasta 5 GPa (725 kpsi) en el caso de aleaciones metálicas amorfas basadas en hierro. Dado que los vidrios metálicos no son cristalinos, no contienen dislocaciones. Como se aprendió anteriormente, las dislocaciones generan resistencias a la fluencia menores a las pronosticadas de manera teórica para los materiales cristalinos perfectos. Las altas resistencias de los vidrios metálicos se deben a la falta de dislocaciones en su estructura amorfa.

A pesar de sus resistencias altas, los vidrios metálicos son por lo general quebradizos. La mayoría de los vidrios metálicos muestran una deformación plástica casi de cero en tensión y sólo un bajo porcentaje de deformación plástica en compresión (en comparación con las decenas de porcentaje de deformación plástica de los metales cristalinos). Esta falta de ductilidad se relaciona con la falta de dislocaciones. Dado que los vidrios metálicos no contienen dislocaciones, no se endurecen por trabajo (es decir, el esfuerzo no aumenta con la deformación después de que ha comenzado la deformación plástica.

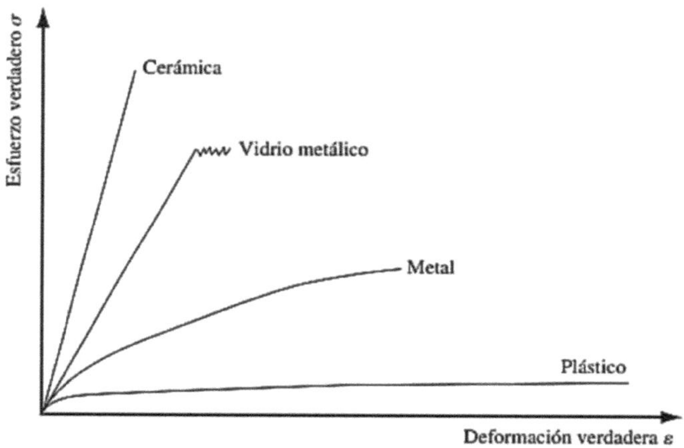

Diagrama esquemático del comportamiento esfuerzo-deformación bajo compresión de varios materiales de ingeniería, entre ellos, los vidrios metálicos. El flujo dentado se observa en la región plástica.

Referencias bibliográficas

1. Flin, Richard a. Trojan Paul K. *Materiales de ingeniería y sus aplicaciones.* México, Mc Graw Hill.

2. Thornton, Peter A. Colangelo Vito J. *Ciencia de materiales para ingeniería.* Prentice-Hall hispanoamericana.

3. Askeland Donal R. *Ciencia e ingeniería de los materiales.* Iberoamericana.
4. Van Vlack, Lawrence H. *Tecnología de materiales.* Representaciones y servicios de ingeniería.
5. V. B. John. *Conocimientos de materiales en ingeniería.* Gustavo Gill, S. A.
6. P. Guliaev. *Metalografía i, ii.* Moscú: Mir.

7. Lara Gómez, Pérez Amador Manuel. *Enlace químico.* Edicol, S. A.

8. Shackelford James F. *Ciencia de materiales para ingenieros.* Prentice-hall hispanoamericana.

Printed by Books on Demand GmbH, Norderstedt / Germany